国家示范性高等职业院校建设规划教材
教育部高职高专水工专业教学指导委员会推荐教材

水力分析与计算习题集

（修订版）

主　编　王　宇　王勤香
主　审　王　俊　张宇华

黄河水利出版社
·郑州·

内 容 提 要

本书是国家示范性高等职业院校建设规划教材，是教育部高等学校高职高专水利水电工程专业教学指导委员会推荐教材。本书是根据水利水电建筑工程重点建设专业及专业群人才培养方案要求，在作者总结多年教学经验基础上编写的，本教材与《水力分析与计算》（罗全胜、王勤香主编，黄河水利出版社出版）配套使用。

本书可供高职高专院校水利类专业教学使用，也可作为成人教育的参考用书。

图书在版编目（CIP）数据

水力分析与计算习题集/王宇，王勤香主编．—郑州：黄河水利出版社，2017．2 （2021．8 修订版重印）
国家示范性高等职业院校建设规划教材
ISBN 978－7－5509－1693－7

Ⅰ．①水… Ⅱ．①王… ②王… Ⅲ．①水力计算－高等职业教育－习题集 Ⅳ．①TV131．4－44

中国版本图书馆 CIP 数据核字（2017）第 033311 号

组稿编辑：王路平　电话：0371－66022212　E-mail：hhslwlp@ 163. com

出 版 社：黄河水利出版社　　网址：www. yrcp. com
地址：河南省郑州市顺河路黄委会综合楼 14 层　　邮政编码：450003
发行单位：黄河水利出版社
发行部电话：0371－66026940、66020550、66028024、66022620（传真）
E-mail：hhslcbs@ 126. com
承印单位：河南育翼鑫印务有限公司
开本：787 mm×1 092 mm　1/16
印张：4. 75
字数：110 千字　　印数：6 001—8 000
版次：2017 年 2 月第 1 版　　印次：2021 年 8 月第 3 次印刷
2021 年 8 月修订版

定价：15. 00 元

前 言

本书是根据《教育部关于推进高等职业教育改革创新引领职业教育科学发展的若干意见》(教职成〔2011〕12号)文件精神,在教育部高等学校高职高专水利水电工程专业教学指导委员会指导下组织编写完成的。

本习题集与罗全胜、王勤香主编,黄河水利出版社出版的《水力分析与计算》教材配套使用,其编写思想、内容体系与教材一致,习题集内容包括水力分析与计算基础、水工建筑物壁面静水荷载分析与计算、恒定管流水力分析与计算、明渠恒定均匀流水力分析与计算、渠道恒定非均匀渐变流水面曲线分析与计算、堰流水力分析与计算、闸孔出流水力分析与计算、泄水建筑物下游消能水力分析与计算八部分的习题和水力分析与计算综合训练资料及实训任务。

本习题集依据课程特点、学情分析及教学目标设计题目。题目类型有计算与绘图题、判断题、选择题。判断和选择客观题有利于学生对水力分析与计算基本知识点、技能点的理解与巩固;计算与绘图主观题是学生在基本知识点、技能点的理解与巩固基础上,对学生水力分析与计算能力进行提升与拓展的训练。

本习题集选题具有鲜明的高职特色,突出对学生水流现象分析、水力计算能力的培养,融"教、学、练、评"为一体,适合开展项目化教学,体现出基础性、实用性、应用性和层次性的教材特色,是一本紧密联系工程实际、教学面向生产的高职高专教育精品规划教材。

为了不断提高教材质量,编者于2021年8月,根据在教学实践中发现的问题和错误,对全书进行了系统的修订完善。

本习题集共有38道计算题、4道绘图题、256道判断题、276道选择题和9道组合题,共计585道题,题量丰富,覆盖面广,难易适当,可供学生平时训练和考试复习使用。

本书由黄河水利职业技术学院承担编写工作,参加编写的人员有王勤香、王宇、罗全胜、史传文、楚万强、徐鹏、田静、张鹏飞、杨明庆等教师。本书由王宇、王勤香担任主编,王宇负责全书统稿;由王俊、张宇华担任主审。

由于编写时间仓促,习题内容及编排等不妥之处在所难免,恳请读者批评指正。

编 者

2021年8月

目 录

1 水力分析与计算基础

1.1 计算、绘图题

1. 已知某液体的体积 $V=6\ m^3$，密度 $\rho=983.3\ kg/m^3$，求液体的质量 m 和容重 γ。

2. 水的容重 $\gamma=9.71\ kN/m^3$，动力黏滞系数 $\mu=0.599\times10^{-3}\ N\cdot s/m^2$，求其运动黏滞系数 υ。空气的容重 $\gamma=11.5\ N/m^3$，运动黏滞系数 $\upsilon=1.57\times10^{-5}\ m^2/s$，求其动力黏滞系数 μ。

3. 如图 1-1 所示，计算容器壁面上 1 ~ 5 各点的静水压强 p 的大小(单位:kPa)，并绘出各点静水压强的方向。

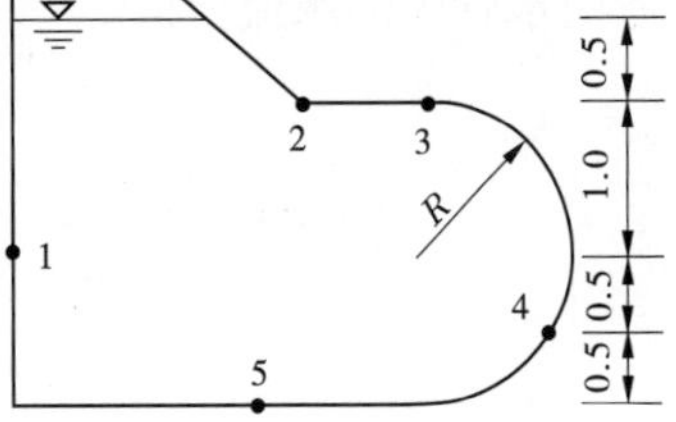

图 1-1 (单位:m)

4. 如图 1-2 所示，两个封闭容器 A、B，其测压管中的液面分别高于或低于容器中液面的高度均为 h，已知 $h=1$ m，试求：①容器 A、B 内液面的绝对压强 $p_{绝}$ 和相对压强 p；②A、B 两个封闭容器内哪一个产生了真空？如果产生了真空，计算其真空度 $p_{真}$。

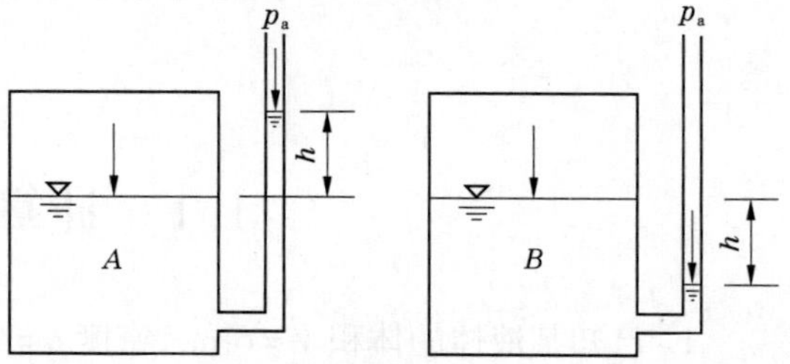

图 1-2

5. 某压力管中水流如图 1-3 所示，已知 $d_1=200$ mm，$d_2=150$ mm，$d_3=100$ mm，第三段管中平均流速 $v_3=2$ m/s，试求管中流量 Q 及第一、第二两段管中平均流速 v_1、v_2。

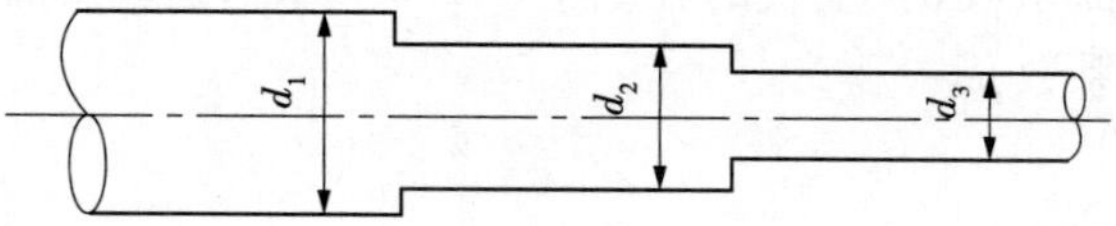

图 1-3

6. 某弯曲水管如图 1-4 所示，已知：A、B 两点高差 $\Delta z=6$ m，$d_A=150$ mm，$d_B=300$ mm，$p_A=78.4$ kN/m^2，$p_B=49$ kN/m^2，$v_A=1$ m/s，试求出两断面间的水头损失 h_w，并判断弯曲水管中的水流方向。

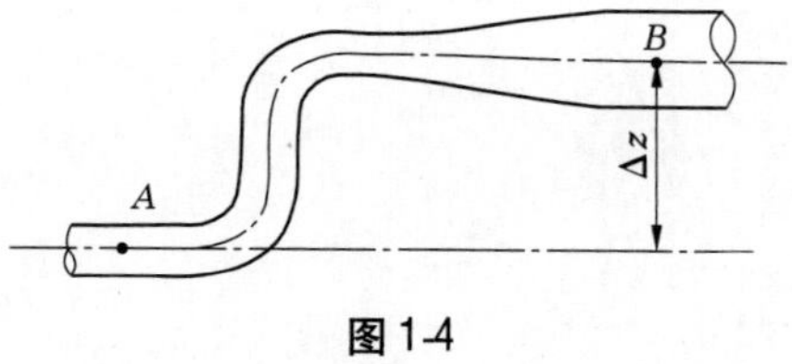

图 1-4

7. 如图 1-5 所示，某输水管道当阀门 K 完全关闭时，A 点处的压力表的读数为 0.5 个工程大气压，打开阀门 K，压力表的读数降低至 0.3 个工程大气压，若水箱中水面高度 H 保持不变，管道中压力表前的水头损失为 0.5 m，试求管道中的平均流速 v。

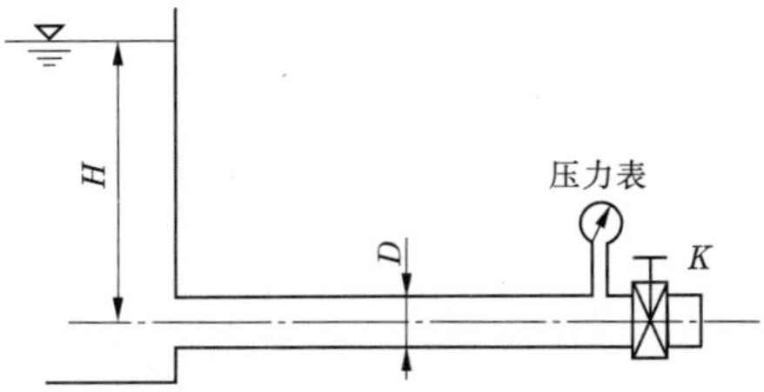

图 1-5

8. 如图 1-6 所示，已知 $H=10$ m，坝趾断面 c—c 处水深 $h_c=1.2$ m，下游河床断面 2—2的水深 $h=3.57$ m，上、下游河底高程相同，通过的单宽流量均为 $q=10\ m^3/(s\cdot m)$，试求：①1—1 断面、c—c 断面、2—2 断面处水流的单位势能、单位动能和单位总能量；②1—1 断面至 c—c 断面，c—c 断面至 2—2 断面的水头损失。

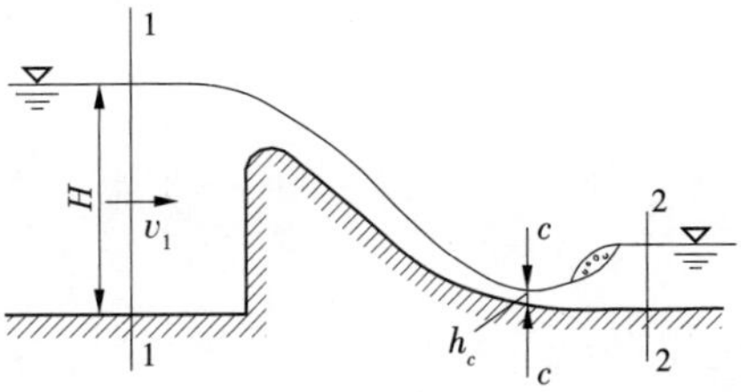

图 1-6

9. 某水平放置的压力钢管渐缩段设置有镇墩，如图 1-7 所示，已知：D_1 = 1.5 m，D_2 = 1 m，渐变段起点断面管中心的压强 p_1 = 400 kPa，通过的流量 Q = 2 m^3/s，若不计水头损失，试求镇墩上所受的轴向推力。

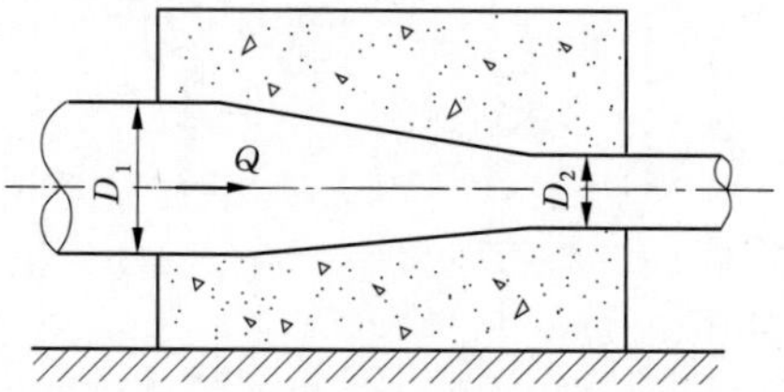

图 1-7

10. 某矩形断面渠道，水深 h = 15 cm，底宽 b = 20 cm，断面平均流速 v = 0.15 m/s，水温为 16 ℃，试判别渠道水流的流态。

11. 某输油有压管道，直径 d = 100 mm，管中平均流速 v = 0.382 m/s，油的运动黏滞系数 $\nu = 4 \times 10^{-5} m^2/s$，试判别管道中油的流态。

12. 某梯形断面的土质渠道如图 1-8 所示，底宽 $b=10$ m，边坡系数 $m=1$，土壤的粗糙系数 $n=0.02$，水流为均匀流，通过的流量 $Q=39\ \text{m}^3/\text{s}$，水深 $h=3$ m，试求在 1 000 m 渠道长度上的水头损失 h_w。

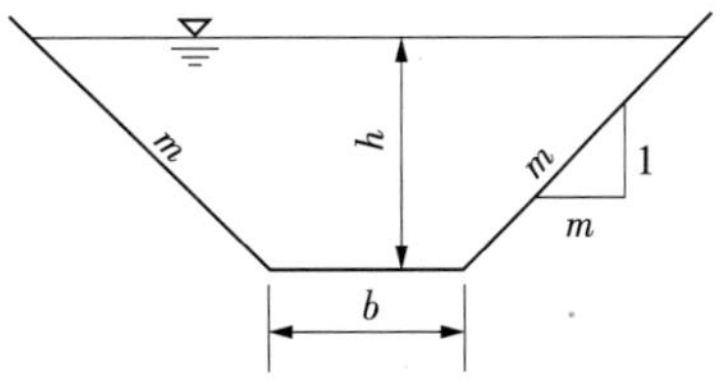

图 1-8

13. 某压力输水管道，管长 $L=100$ m，管道直径 $d=20$ cm，断面平均流速 $v=0.16$ m/s，沿程水头损失系数 $\lambda=0.028$，试求此管道的沿程水头损失 h_f。

14. 某压力管中水流如图 1-9 所示，已知 $d_1=200$ mm，$d_2=150$ mm，$d_3=100$ mm，第三段管中平均流速 $v_3=2$ m/s，试求第二、第三两段管连接处管径突然缩小引起的局部水头损失。

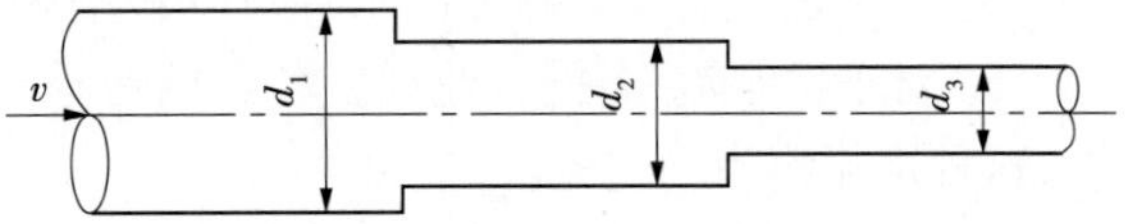

图 1-9

15. 某输水铸铁管路如图 1-10 所示，管长 $L=250$ m，管径 $d=100$ mm，通过的流量 $Q=0.01$ m^3/s，管路进口为直角进口，有一个弯头和一个闸阀，弯头的局部损失系数 $\zeta_{弯}=0.8$，闸阀全开，试求：①整个管路的沿程水头损失 h_f；②管路所有局部水头损失之和 Σh_j；③水塔的水面高度 H。

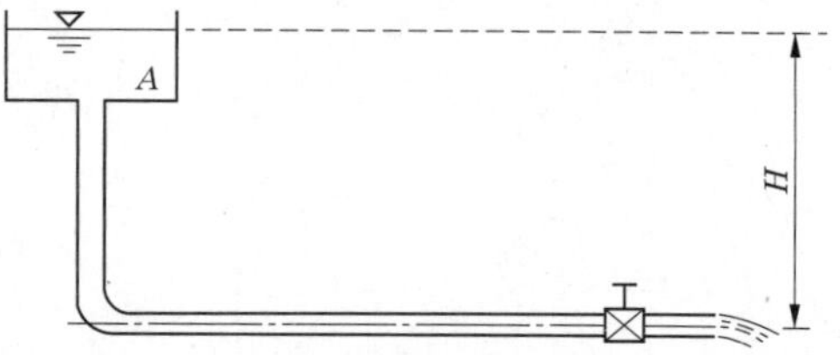

图 1-10

1.2　判断题

1. 糙率是衡量流道边界形状不规则和边壁粗糙度影响的无单位综合系数。（　　）
2. 测压管水头线沿程可以上升也可以下降。（　　）
3. 产生水头损失的根本原因是边界形状。（　　）
4. 对于过水断面为圆形的水管，其水力半径就是管道的半径。（　　）
5. 对于恒定流，若同一流线上各点的运动要素均相等，也就是说运动要素与流程无关，这种水流称为均匀流。（　　）
6. 根据流道边界情况将水头损失分为沿程水头损失和局部水头损失。（　　）
7. 根据液流的运动要素是否沿程变化，将液流分为渐变流和急变流。（　　）
8. 过水断面只可以是平面，不可以是曲面。（　　）
9. 恒定流水流的运动要素沿流程不变。（　　）
10. 恒定总流中两过水断面列能量方程，过水断面的代表点一般选在水面处。（　　）
11. 恒定总流中两过水断面列能量方程，基准面一定是同一水平面。（　　）
12. 恒定总流中两过水断面列能量方程，要求两过水断面间水流为渐变流。（　　）

13. 渐变流的流线近似为相互平行的直线,过水断面近似为平面。（　）
14. 渐变流同一过水断面上各点的测压管水头都相同。（　）
15. 仅在重力作用下的静止均质连通液体中,各点单位势能相等。（　）
16. 静止液体中同一点各方向的静水压强数值相等。（　）
17. 局部水头损失大小与流程长度成正比。（　）
18. 均匀流的流线为相互平行的直线,过水断面为平面。（　）
19. 通过雷诺数可以判别均匀流和非均匀流。（　）
20. 利用恒定总流连续性方程可以直接求解动水压强。（　）
21. 利用恒定总流能量方程可以判断水流方向。（　）
22. 利用恒定总流能量方程可以求解动水压强。（　）
23. 利用恒定总流能量方程可以求解断面平均流速。（　）
24. 利用恒定总流能量方程可以求解位置高度。（　）
25. 流线上任意一点的切线方向,即为该点的流速方向。（　）
26. 流线形状与固体边界形状有关。（　）
27. 明渠水流雷诺数 $Re = 1\ 560$,则水流流态为层流。（　）
28. 明渠同一过水断面上各点的流速都是相等的。（　）
29. 若流场中任何空间点上的一切运动要素都不随时间而改变,这种水流称为恒定流。（　）
30. 湿周是指过水断面上液体与固体边壁接触的周边长,其单位为“m”。（　）
31. 单位能量是指单位重量液体所具有的能量。（　）
32. 水流的运动要素沿流程不变时为恒定流。（　）
33. 水流总是从流速大的地方流向流速小的地方。（　）
34. 水流总是从位置高的地方流向位置低的地方。（　）
35. 水流总是从压强大的地方流向压强小的地方。（　）
36. 无分支的恒定流中沿流程流量不变。（　）
37. 无能量输入或输出,水流总是从总水头高的地方流向总水头低的地方。（　）
38. 相对压强可以大于、等于或小于零。（　）
39. 压强水头又称为测压管水头。（　）
40. 沿程水头损失大小与过水断面的平均流速有关。（　）
41. 沿程水头损失大小与流程长度无关。（　）
42. 液体发生相对运动时,其黏滞性才能表现出来。（　）
43. 液体内部某点绝对压强小于当地大气压,说明该点发生真空。（　）
44. 液体内同一水平面即为等压面。（　）
45. 有压管流水流雷诺数为 1 561,则水流流态为紊流。（　）
46. 有压流有自由水面,无压流没有自由水面。（　）
47. 水头是运用具有长度单位的量反映水流能量的大小。（　）
48. 总水头线沿程可以上升也可以下降。（　）
49. 对于同种液体,影响黏滞性系数大小的主要因素为压强。（　）

1.3 选择题

1. 液体的黏滞性与(　　)无关。

A. 液体的种类　B. 液体的温度　C. 当地大气压　D. 液体的流速

2. 重力的单位是(　　)。

A. kg/m^3　B. g/m^3　C. kN　D. kN/m^3

3. 静止湖水中某点水深 $h=2$ m,则该点压强为(　　)kPa。

A. 9.8　B. 19.6　C. 2　D. 3

4. 某圆形有压输水管道,管径 $d=2$ m,则过水断面面积 A 为(　　)m^2。

A. 3.14　B. 2　C. 6.28　D. 12.56

5. 某矩形过水断面,底宽 $b=2$ m,水深 $h=1.5$ m,则过水断面面积 A 为(　　)m^2。

A. 4.4　B. 3.3　C. 1.1　D. 3

6. 某混凝土衬砌的引水隧洞,洞径 $d=1$ m,洞长 $L=1\ 000$ m,断面平均流速 $v=4$ m/s,沿程水头损失系数 $\lambda=0.03$,则引水隧洞的沿程水头损失 h_f 为(　　)m。

A. 12.2　B. 24.5　C. 32.2　D. 14.5

7. 某钢筋混凝土有压泄水管道,泄流量 $Q=15\ m^3/s$,管径 $d=2$ m,则管道断面平均流速 v 近似为(　　)m/s。

A. 4.78　B. 5.09　C. 8　D. 8.49

8. 某矩形断面渠道,底宽 $b=8$ m,当水深 $h=1$ m 时,其湿周 χ 为(　　)m。

A. 8　B. 9　C. 10　D. 11

9. 某矩形横断面的渠道,底宽 $b=8$ m,当水深 $h=1$ m 时,其水力半径 R 为(　　)m。

A. 0.8　B. 0.9　C. 1　D. 10

10. 在某渠道中选取1—1 和2—2 两个过水断面,1—1 过水断面面积 $A=3\ m^2$,断面平均流速 $v=2$ m/s,2—2 过水断面平均流速 $v=3$ m/s,则2—2 过水断面面积 A 为(　　)m^2。

A. 2　B. 3　C. 4　D. 5

11. 某渐变流过水断面上的测压管水头 $z+p/\gamma=5$ m,流速水头 $\alpha v^2/2g=3$ m,则总水头 H 为(　　)m。

A. 5　B. 2　C. 8　D. 4

12. 某渐变流过水断面上的位置水头 $z=1$ m,压强水头 $p/\gamma=6$ m,流速水头 $\alpha v^2/2g=2$ m,则总水头 H 为(　　)m。

A. 1　B. 6　C. 2　D. 9

13. 某简单有压管道中,管道进口处局部水头损失系数 $\zeta=0.5$,管中水流断面平均流速水头 $\alpha v^2/2g=0.2$ m,则进口处局部水头损失 h_j 为(　　)m。

A. 0.3　B. 0.5　C. 0.2　D. 0.1

14. 某有压输水管道,管长 $L=70$ m,沿程水头损失 $h_f=0.5$ m,局部水头损失 $h_j=0.5$ m,则此管道水头损失 h_w 为(　　)m。

A. 0.7　　B. 1　　C. 0.81　　D. 0.49

15. 某明渠长 $L=1\ 500$ m,沿程水头损失 $h_f=0.5$ m,局部水头损失 $h_j=0.15$ m,则此渠道水头损失 h_w 为(　　)m。

A. 0.15　　B. 0.1　　C. 0.65　　D. 0.25

16. 根据静水压强的特性,静止液体中同一点各方向的压强(　　)。

A. 数值相等　　B. 数值不等

C. 仅水平方向数值相等　　D. 铅直方向数值最大

17. 液体中某点的绝对压强为 100 kN/m^2,则该点的相对压强为(　　)kN/m^2。

A. 1　　B. 2　　C. 5　　D. 10

18. 雷诺数是判别(　　)的重要物理量。

A. 急流和缓流　　B. 均匀流和非均匀流

C. 层流和紊流　　D. 恒定流和非恒定流

19. 水流的流线疏,说明水流的流速(　　)。

A. 小　　B. 不一定　　C. 大　　D. 等于零

20. 1 个工程大气压相当于(　　)m 水柱高。

A. 9.8　　B. 10　　C. 98　　D. 1 000

21. 在水力计算中,在标准大气压下且温度为 4 ℃时,水的容重取为(　　)kN/m^3。

A. 1 000　　B. 133.3　　C. 9 800　　D. 9.8

22. 其他条件不变,液体雷诺数随温度的增大而(　　)。

A. 增大　　B. 减小　　C. 不变　　D. 不定

23. 沿程水头损失系数 λ 与谢才系数 C 的关系是(　　)。

A. λ 与 C 成正比　　B. λ 与 C 成反比

C. λ 与 C^2 成正比　　D. λ 与 C^2 成反比

24. 明渠水流雷诺数 Re 的表达式为(　　)。

A. $Re=\frac{v\rho g}{\upsilon}$　　B. $Re=\frac{vz}{\upsilon}$　　C. $Re=\frac{vA}{\upsilon}$　　D. $Re=\frac{vR}{\upsilon}$

25. 1 个工程大气压等于(　　)kPa。

A. 10　　B. 98　　C. 100　　D. 101.3

26. 仅在重力作用下的静止液体中,等压面是水平面的条件是(　　)。

A. 同一种液体　　B. 相互连通

C. 不连通　　D. 同一种液体,相互连通

27. 流量的单位是(　　)。

A. m^3/s　　B. m　　C. m^3　　D. m^2

28. 如图 1-11 所示,容器中有两种液体,密度 $\rho_2>\rho_1$,则 A、B 两测压管中的液面(　　)。

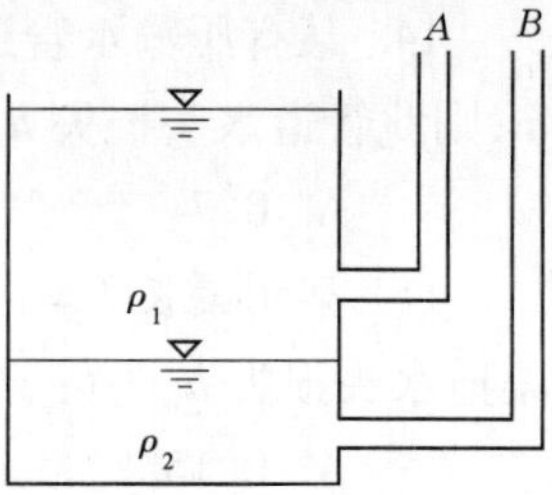

图 1-11

A. B 管高于 A 管
B. A 管高于 B 管
C. A、B 两管同高
D. 无法判断

29. 如图 1-12 所示,水流通过渐缩管流出,若容器中水位保持不变,则管内水流属于(　　)。

A. 恒定均匀流　　B. 非恒定均匀流
C. 恒定非均匀流　　D. 非恒定非均匀流

30. 如图 1-13 所示,水箱中水位不变,水流通过一水平等直径管道流入大气,则管中 A、B 两过水断面平均流速大小关系为(　　)。

A. $v_A < v_B$　　B. $v_A > v_B$　　C. $v_A = v_B$　　D. 无法确定

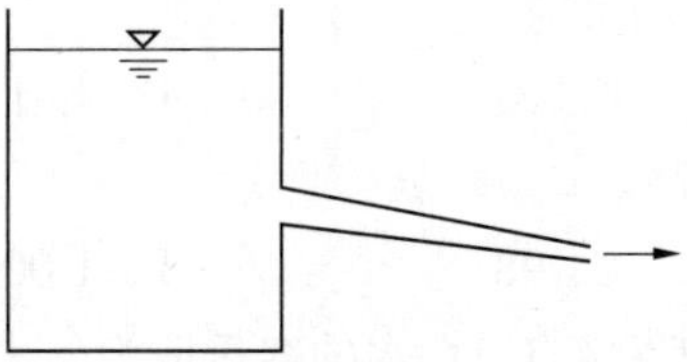
图 1-12

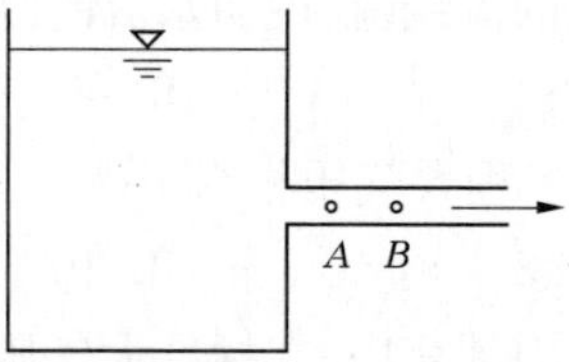

图 1-13

31. 恒定总流能量方程不能直接求解(　　)。

A. 断面平均流速　　B. 位置水头　　C. 判断水流方向　　D. 动水作用力

32. 对液体黏滞系数变化影响最大的因素为(　　)。

A. 压力　　B. 密度　　C. 温度　　D. 压强

33. 液体容重定义为(　　)。

A. 单位体积液体的重量　　B. 单位重量液体的体积
C. 单位体积液体的质量　　D. 单位重量

34. 下列说法错误的是(　　)。

A. 流线上任意一点的切线方向即为该点的流速方向
B. 单位时间内通过某一过水断面的液体体积称为流量
C. 凡与水流运动方向流线正交的过水横断面称为过水断面
D. 水平面就是等压面

35. 影响水的运动黏滞系数的主要因素为(　　)。

A. 水的容重　　B. 水的温度　　C. 当地气压　　D. 水的流速

36. 在水力计算中,标准大气压下且温度为 4 ℃时,水的密度为(　　)kg/m^3。

A. 1 000　　B. 133.3　　C. 101.3　　D. 9.8

37. 过水断面是(　　)。

A. 平面　　B. 曲面

C. 与流线正交的面　　D. 管道壁面

38. 水头损失按流动边界变化情况分为(　　)。

A. 管内损失　　B. 管外损失和管内损失

C. 沿程损失和局部损失　　D. 有压损失和无压损失

39. 重力的单位是(　　)。

A. kg/m^3　　B. g/m^3　　C. kN　　D. kN/m^3

40. 发生真空的位置(　　)。

A. 相对压强小于零　　B. 真空值小于零

C. 真空度小于零　　D. 绝对压强等于零

41. 等压面的定义是(　　)。

A. 水平面　　B. 压强大小在任意两点都相同的面

C. $z+p/\gamma=C$ 的面　　D. 连续液体中的水平面

42. 20 个工程大气压相当于(　　)m 高水柱产生的压强。

A. 20　　B. 200　　C. 2　　D. 14.72

43. 通过流线可以知道(　　)。

A. 流向　　B. 压强的大小　　C. 流量的大小　　D. 加速度的大小

44. 下列哪个不是压强的单位?(　　)

A. Pa　　B. kPa　　C. kN　　D. 工程大气压

45. 下列哪个是压力的单位?(　　)

A. Pa　　B. kPa　　C. kN　　D. 工程大气压

46. 下列说法正确的是(　　)。

A. 水流总是从位置高的地方流向位置低的地方

B. 水流总是从压强大的地方流向压强小的地方

C. 水流总是从流速水头大的地方流向流速水头小的地方

D. 水流总是从总水头高的地方流向总水头低的地方

47. 产生水头损失的根本原因是(　　)。

A. 液体的黏滞性　　B. 液流的横向边界形状

C. 液流的纵向边界形状　　D. 液体的压缩性

48. 流量 Q、过水断面面积 A 和断面平均流速 v 关系错误的是(　　)。

A. $v=Q/A$　　B. $Q=Av$　　C. $A=Q/v$　　D. $v=AQ$

49. 在发生局部水头损失的总流断面上,总水头线(　　)。

A. 突然上升　　B. 突然下降　　C. 缓慢上升　　D. 缓慢下降

50. 圆管直径 $d=4$ m,满流时水力半径 R 为(　　)m。

A. 1　　B. 2　　C. 3　　D. 4

51. 在计算如图 1-14 所示的有压管道泄流量时,有(　　)处局部损失。

A. 1　　B. 2　　C. 3　　D. 4

52. 恒定总流中沿程无流量流入或流出,则流量沿程(　　)。

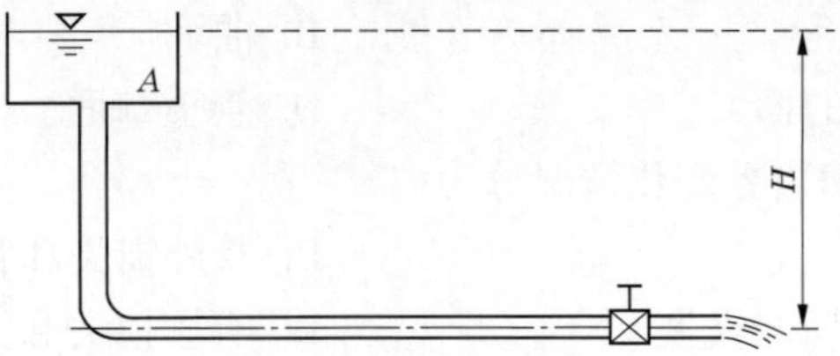

图 1-14

A. 增大　B. 减小　C. 不变　D. 不一定

53. 下面哪一个不是水流运动的机械能形式?(　　)

A. 动能　B. 位置势能　C. 压力势能　D. 弹性势能

54. 水中任一点静水压强的大小(　　)。

A. 与水深有关　B. 与水深无关　C. 与流速有关　D. 与流量有关

55. 沿程水头损失计算公式是(　　)。

A. $h_f=\lambda\frac{L}{4R}\cdot\frac{v^2}{2g}$　B. $h_f=\lambda\frac{L}{R}\cdot\frac{v^2}{2g}$　C. $h_f=\lambda\frac{4R}{L}\cdot\frac{v^2}{2g}$　D. $h_j=\zeta\frac{v^2}{2g}$

56. 局部水头损失计算公式是(　　)。

A. $h_f=\lambda\frac{L}{4R}\cdot\frac{v^2}{2g}$　B. $h_f=\lambda\frac{L}{R}\cdot\frac{v^2}{2g}$　C. $h_f=\lambda\frac{4R}{L}\cdot\frac{v^2}{2g}$　D. $h_j=\zeta\frac{v^2}{2g}$

57. 判断明渠水流为层流或紊流的公式是(　　)。

A. $C=\frac{1}{n}R^{\frac{1}{6}}$　B. $v=C\sqrt{RJ}$　C. $Re=\frac{vR}{\upsilon}$　D. $Re=\frac{vd}{\upsilon}$

58. 判断有压圆管水流为层流或紊流的公式是(　　)。

A. $C=\frac{1}{n}R^{\frac{1}{6}}$　B. $v=C\sqrt{RJ}$　C. $Re=\frac{vR}{\upsilon}$　D. $Re=\frac{vd}{\upsilon}$

59. 实际液体恒定总流的能量方程是(　　)。

A. $z_1+\frac{\alpha_1v_1^2}{2g}=z_2+\frac{\alpha_2v_2^2}{2g}$　B. $z_1+\frac{p_1}{\gamma}+\frac{\alpha_1v_1^2}{2g}=z_2+\frac{p_2}{\gamma}+\frac{\alpha_2v_2^2}{2g}+h_{w1-2}$

C. $z_1+\frac{p_1}{\gamma}+\frac{\alpha_1v_1^2}{2g}=z_2+\frac{p_2}{\gamma}+\frac{\alpha_2v_2^2}{2g}$　D. $z_1+\frac{p_1}{\gamma}=z_2+\frac{p_2}{\gamma}+h_{w1-2}$

60. 某梯形断面的灌溉渠道,粗糙系数 $n=0.025$,水力半径 $R=0.8$ m,则谢才系数 C 为(　　)。

A. 38.54　B. 30.54　C. 32.56　D. 0.16

61. 某有压管道进口处局部损失系数为0.5,管道中断面平均流速为2 m/s,则管道进口处局部损失 h_j 为(　　)m。(g 近似取 10 m/s²)

A. 0.1　B. 0.2　C. 0.8　D. 1

1.4　组合题

1. 有一矩形断面渠道,水深 $h=15$ cm,底宽 $b=20$ cm,断面平均流速 $v=0.15$ m/s,水

温为 18 ℃时，水的运动黏滞系数 $\upsilon=0.010\ 10\ \text{cm}^2/\text{s}$，试判别渠道中水流流态。

(1)判别渠道中水流流态，应使用下列(　　)物理量进行判别。

A. 边坡系数　　B. 弗劳德数　　C. 粗糙系数　　D. 雷诺数

(2)判别渠道中水流流态，应使用水力计算公式(　　)。

A. $Re=\dfrac{vR}{\upsilon}$　　B. $Re=\dfrac{vd}{\upsilon}$

C. $Fr=\dfrac{v}{\sqrt{gh}}$　　D. $z_1+\dfrac{p_1}{\gamma}+\dfrac{\alpha_1 v_1^2}{2g}=z_2+\dfrac{p_2}{\gamma}+\dfrac{\alpha_2 v_2^2}{2g}+h_{w1-2}$

(3)明渠临界雷诺数 Re_k 约为(　　)。

A. 500　　B. 2 320　　C. 1 000　　D. 98

(4)本题渠道中水流的雷诺数及流态为(　　)。

A. 8 910.9，紊流　　B. 230.4，层流

C. 6 510.2，紊流　　D. 5 610.8，临界流

(5)本题渠道水力半径 R 近似为(　　)。

A. 5 cm　　B. 6 cm　　C. 8.573 cm　　D. 10 mm

2. 有一压力输水管道，管长 $L=100$ m，直径 $d=20$ cm，沿程水头损失系数 $\lambda=0.018$，当流量 $Q=20$ L/s 时，问：

(1)管道的过水面积为(　　)。

A. 3.14 m^2　　B. 0.314 m^2　　C. 0.031 4 m^2　　D. 31.4 m^2

(2)管道中的断面平均流速为(　　)。

A. 0.26 m/s　　B. 0.636 m/s　　C. 6.36 m/s　　D. 0.16 m/s

(3)该管道的水力半径为(　　)。

A. 0.50 m　　B. 0.050 m　　C. 5.0 m　　D. 2.0 m

(4)管道的沿程水头损失计算公式是(　　)。

A. $h_f=\lambda\cdot\dfrac{L}{d}\cdot\dfrac{v^2}{2g}$　　B. $h_f=\dfrac{v^2}{R}L$

C. $h_f=\lambda\cdot\dfrac{L}{d}\cdot\dfrac{v^2}{g}$　　D. $h_f=\dfrac{v^2}{C^2}L$

(5)管道的水头损失为(　　)。

A. 0.018 m　　B. 0.186 m　　C. 1.8 m　　D. 18 m

3. 从水箱引出一直径不同的管道，如图 1-15 所示。已知 $d_1=175$ mm，$d_2=125$ mm，管道进口处的局部水头损失系数 $\zeta_1=0.5$，当管道由大变小时，局部水头损失系数 $\zeta_2=0.245$，第二段管子上有一平板闸阀，其开度为 $a/d=0.5$ 时，$\zeta_3=2.06$。当输送流量 $Q=25$ L/s 时，问：

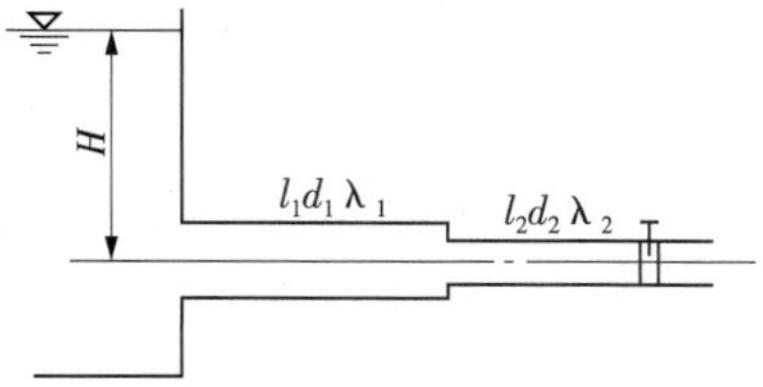

图 1-15

(1)管道 1 的过水断面面积 A_1 和管道 2 的过水断面面积 A_2 为(　　)。

A. 2.4 m, 1.23 m^2　　B. 0.024 m^2, 0.0123 m^2

C. 0.24 m^2, 0.123 m^2　　D. 4.2 m^2, 3.21 m^2

(2) 管道 1 的断面平均流速 v_1 和管道 2 的断面平均流速 v_2 为(　　)。

A. 0.14 m/s, 0.203 m/s　　B. 10.42 m/s, 20.33 m/s

C. 1.042 m/s, 2.033 m/s　　D. 4.01 m/s, 3.021 m/s

(3) 局部水头损失的计算公式为(　　)。

A. $h_j = \zeta \cdot \frac{v^2}{2g}$　　B. $h_j = \lambda \cdot \frac{L}{d} \cdot \frac{v^2}{2g}$

C. $h_j = \frac{v^2}{2g}$　　D. $h_j = \frac{v^2}{RC^2}L$

(4) 进口处的局部水头损失为(　　)。

A. 0.028 m　　B. 0.002 8 m　　C. 2.80 m　　D. 0.28 m

(5) 管道从进口到出口总的局部水头损失为(　　)。

A. 5.16 m　　B. 0.516 m　　C. 0.051 6 m　　D. 0.20 m

2　水工建筑物壁面静水荷载分析与计算

2.1　计算、绘图题

1. 试绘制出图 2-1 中标有字母的受压面上的静水压强分布图。

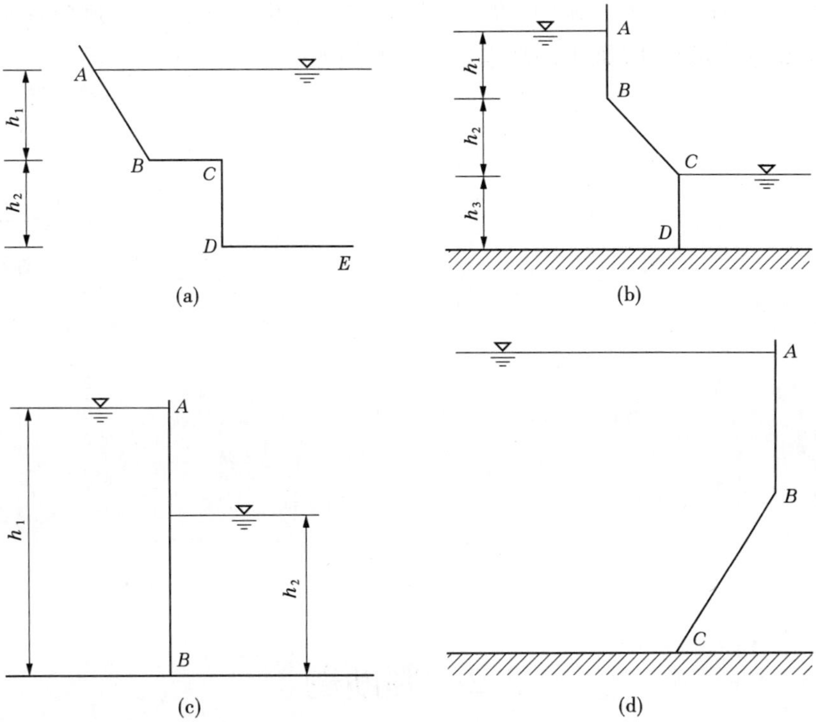

图 2-1

2. 某混凝土坝如图 2-2 所示，坝上游水深 $h = 24$ m，试求 1 m 宽坝面上所受静水总压力 P 的大小和压力中心的位置。

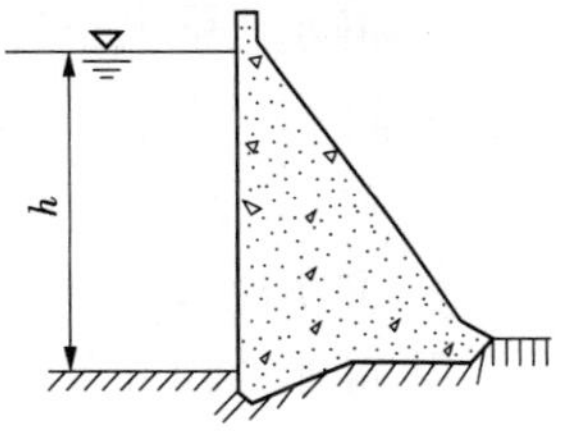

图 2-2

3. 试绘制出图 2-3 中标有字母的受压面上的压力体剖面图。

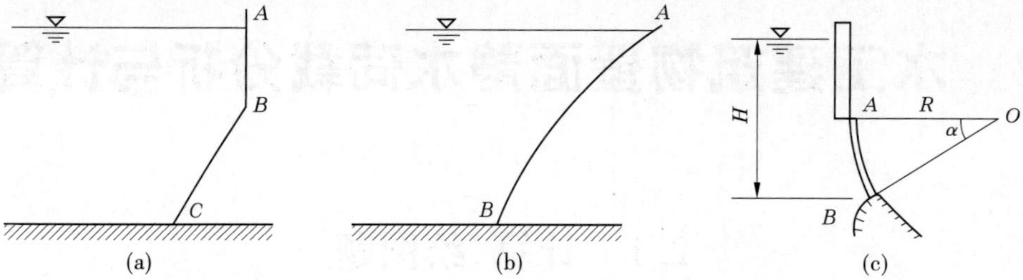

图 2-3

4. 如图 2-4 所示，某弧形闸门 AB 为半径 $R=2$ m 的圆柱面的 1/4，闸门宽 $b=4$ m，水深 $h=2$ m，试求作用在 AB 面上的静水总压力 P 的大小。

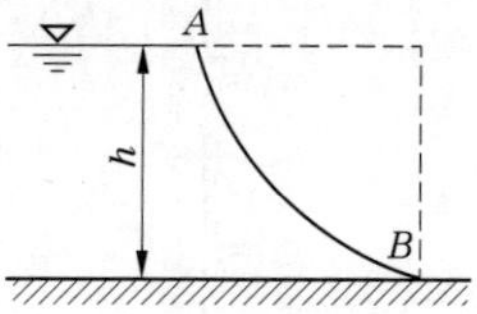

图 2-4

2.2 判断题

1. 计算静水总压力包括确定静水总压力的大小、方向和作用点。 (　　)

2. 计算曲面壁上的静水总压力，先确定水平方向分力和铅直方向分力，再由力的合成定理，计算曲面壁上所受静水总压力。 (　　)

3. 静水压强大小与水的密度无关。 (　　)

4. 静水压强方向永远垂直向下。 (　　)

5. 静水压强分布图可能为矩形。 (　　)

6. 静水压强分布图要绘制在受压面有水一侧。 (　　)

7. 静水压强分布图一定为三角形。 (　　)

8. 静水总压力的方向垂直指向受压面。 (　　)

9. 利用受压面静水压强分布图可以计算矩形受压面静水总压力大小。 (　　)

10. 利用压力体剖面图可以计算受压曲面上的铅垂分力大小。 (　　)

11. 曲面壁上各点的静水压强方向相同。 (　　)

12. 曲面壁上静水总压力计算方法和平面壁上静水总压力计算方法相同。 (　　)

13. 受压曲面上静水总压力的铅直分力方向一定向下。 (　　)

14. 压力体剖面图要绘制在受压面有水一侧。 (　　)

15. 压力体是由受压面本身、水面或水面的延展面及受压面的边缘向水面或水面的延展面所做的铅直面所围成的几何体。 (　　)

16. 图 2-5 为 *ABCDE* 受压面上正确的静水压强分布图绘制。 (　　)

17. 图 2-6 为 *AB* 受压面上静水压强分布图正确绘制。 (　　)

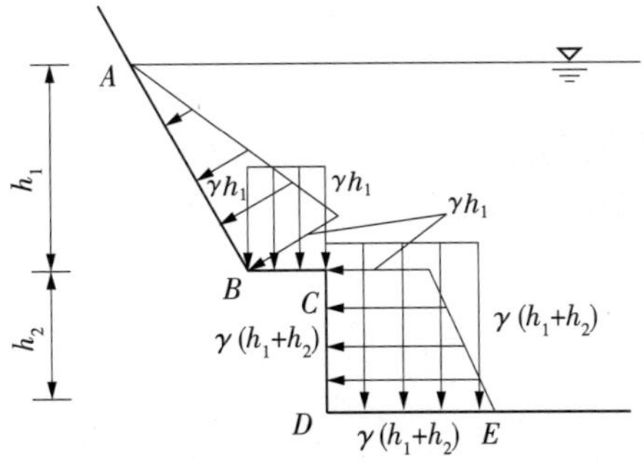

图 2-5

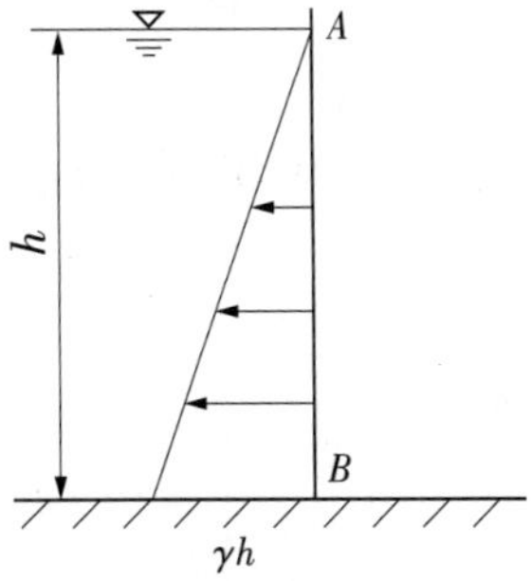

图 2-6

18. 图 2-7 为 *AB* 受压面上静水压强分布图正确绘制。 (　　)

19. 图 2-8 为 *AB* 受压面上静水压强分布图正确绘制。 (　　)

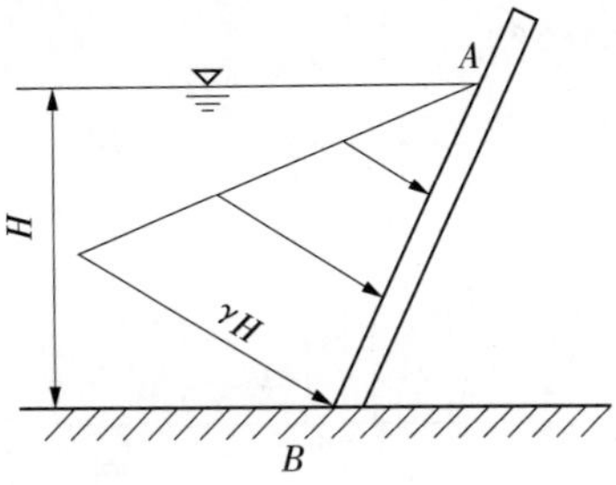

图 2-7

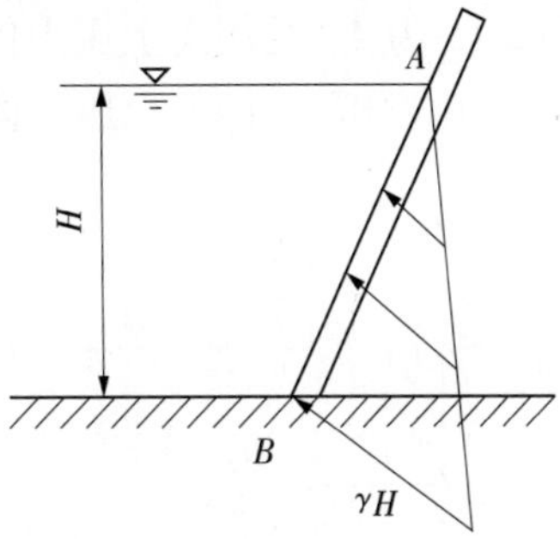

图 2-8

20. 图 2-9 为 *ABC* 受压面上静水压强分布图错误绘制。 (　　)

21. 图 2-10 为 *ABC* 受压面上静水压强分布图正确绘制。 (　　)

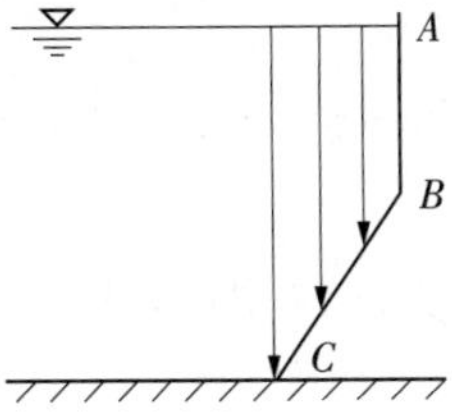

图 2-9

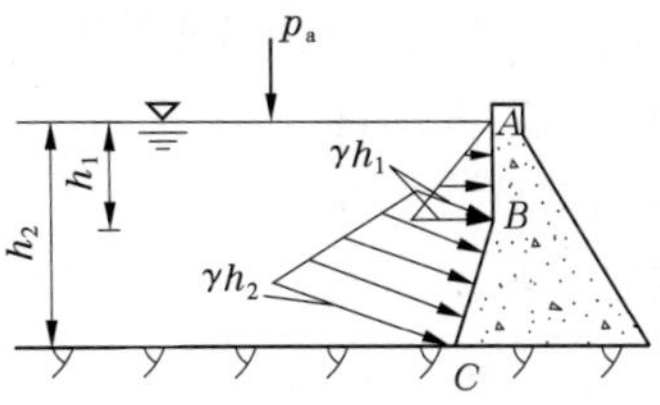

图 2-10

22. 图 2-11 为 AB 受压面上静水压强分布图错误绘制。 (　　)
23. 图 2-12 为 AB 受压面上静水压强分布图正确绘制。 (　　)

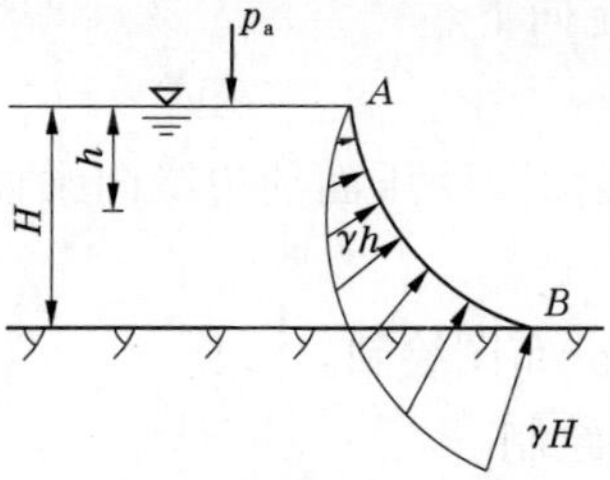

图 2-11

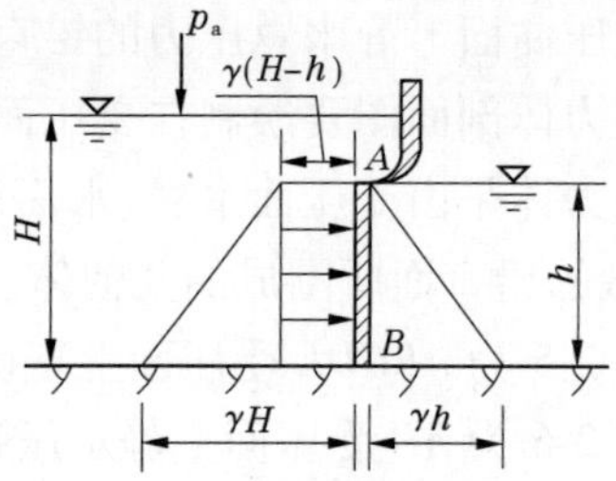

图 2-12

24. 图 2-13 为 AB 受压面上压力体剖面图正确绘制。 (　　)
25. 图 2-14 为 AB 受压面上压力体剖面图错误绘制。 (　　)

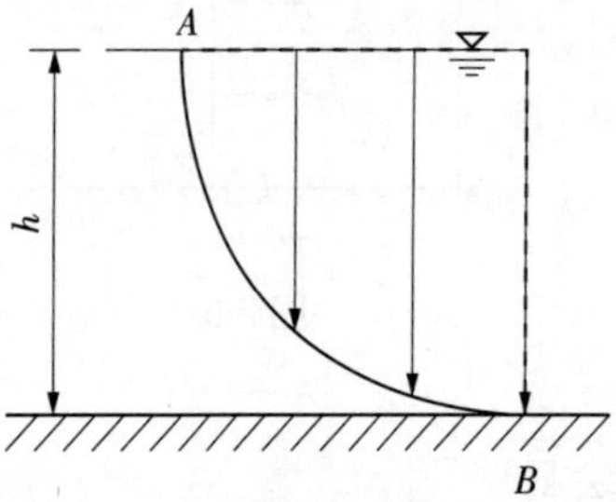

图 2-13

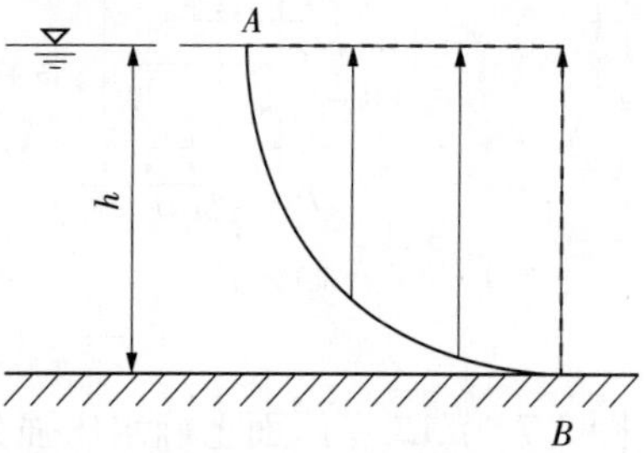

图 2-14

26. 图 2-15 为 AB 受压面上压力体剖面图正确绘制。 (　　)
27. 图 2-16 为 AB 受压面上压力体剖面图正确绘制。 (　　)

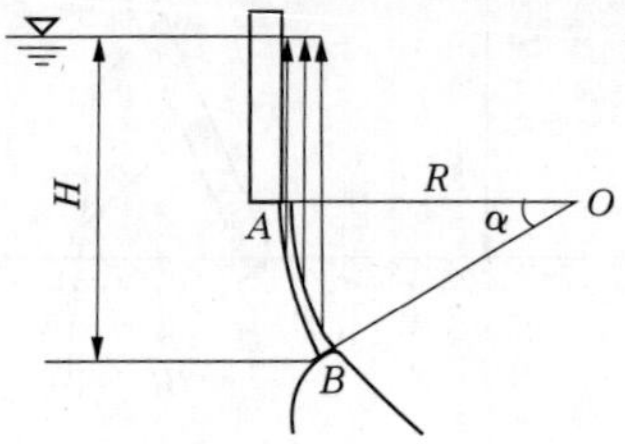

图 2-15

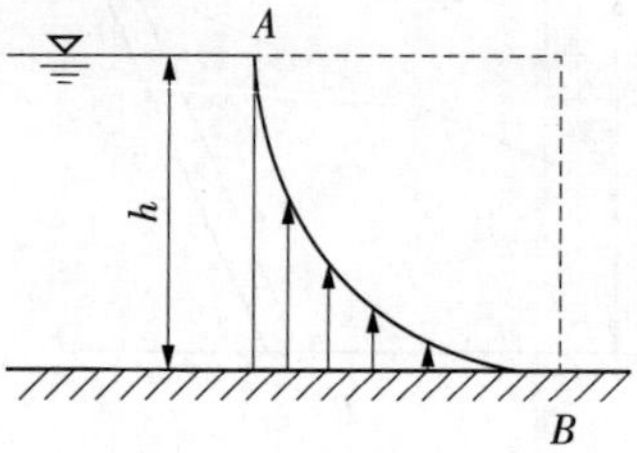

图 2-16

2.3 选择题

1. 在静止液体中,静水压强的方向总是(　　)。
   A. 倾斜指向受压面　B. 平行于受压面　C. 垂直指向受压面　D. 背离受压面
2. 压力中心是(　　)。
   A. 淹没面积的中心　B. 压力体的中心　C. 总压力的作用点　D. 受压面的形心
3. 压力中心位置(　　)。
   A. 受压面的形心以上　　　　B. 受压面的形心以下

C. 受压面的形心处或受压面的形心以下 D. 不能确定

4. 平面壁上静水总压力的方向(　　)。

A. 倾斜指向受压面　B. 平行于受压面　C. 垂直指向受压面　D. 背离受压面

5. 下列说法正确的是(　　)。

A. 压力中心即为受压面形心

B. 压力中心在受压面的形心以上

C. 静水总压力方向与静水压强方向相同

D. 静水总压力方向与静水压强方向相反

6. 下列说法错误的是(　　)。

A. 弧形闸门受压面为曲面　　B. 平板闸门受压面为平面

C. 拱坝受压面为平面　　D. 梯形受压面为平面

7. 静水总压力的计算内容不包括(　　)。

A. 大小　B. 方向　C. 作用点　D. 速度

8. 静水压强分布图为三角形时,压力中心沿受压面长度方向距受压面的底部距离 e 与受压面长度 L 的关系为(　　)。

A. $e=L$　B. $e=L/3$　C. $e=L/2$　D. $e=L/4$

9. 矩形受压平面壁上的静水压强分布图面积为 S,受压平面宽度为 b,则作用在矩形平面壁上的静水总压力大小 P 可用以下公式计算(　　)。

A. $P=Sb$　B. $P=Sb/2$　C. $P=Sb/3$　D. $P=2Sb$

10. 某矩形平板闸门竖直放置且一侧挡水,水深 $h=1$ m,闸门宽 $b=2$ m,则挡水受压面上静水总压力大小为(　　)。

A. 9.8 N　B. 9.8 kN　C. 4.9 kN　D. 9.8 kPa

11. 某矩形平板闸门关闭时的静水压强分布图的面积 $S=60.03$ kN/m,闸门宽 $b=4.5$ m,则闸门所受的静水总压力 P 的大小为(　　)kN。

A. 270.14　B. 135.06　C. 540.23　D. 260.13

12. 某矩形平板闸门铅直放置,闸门淹没在水下的高度 $h=6$ m,当静水压强分布图为三角形时,压力中心距底部距离 e 为(　　)m。

A. 2.5　B. 1.33　C. 1.75　D. 2.00

13. 图 2-17 为 AB 受压面上静水压强分布图绘制,正确的说法是(　　)。

A. (a)(b)图错　B. (a)(c)图正确　C. 都对　D. 都错

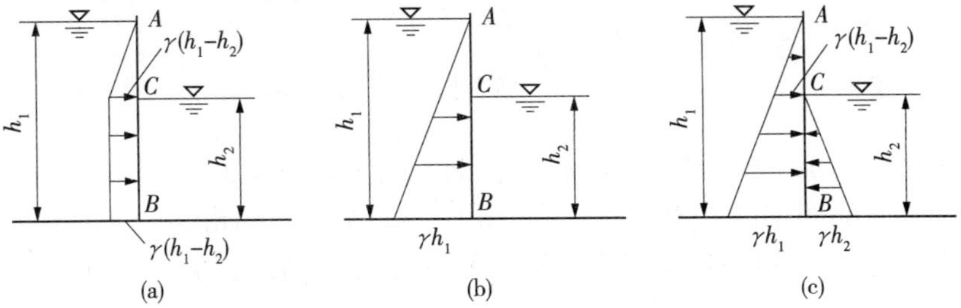

图 2-17

14. 图 2-18 为标字母受压面上静水压强分布图绘制，错误的绘制图是(　　)。

A. (a)图　　B. (b)图　　C. (c)图　　D. (d)图

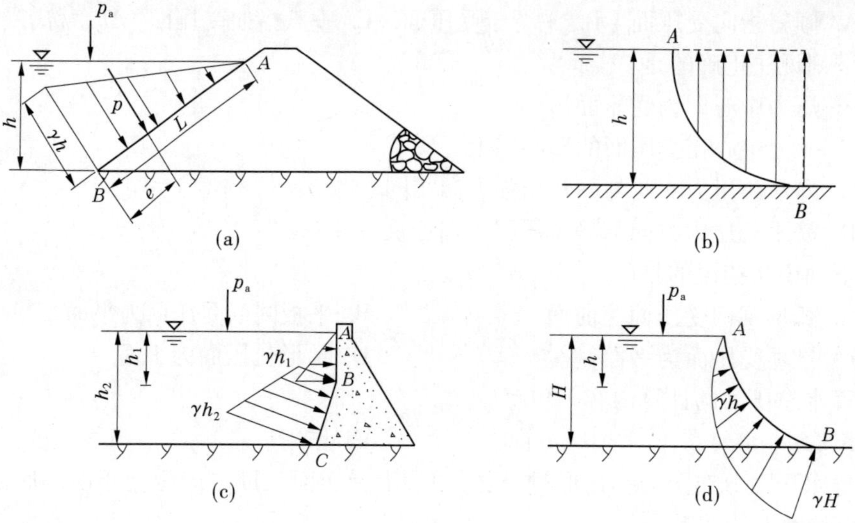

图 2-18

15. 图 2-19 为标字母受压面上静水压强分布图绘制，错误的绘制图是(　　)。

A. (a)图　　B. (b)图　　C. (c)图　　D. (d)图

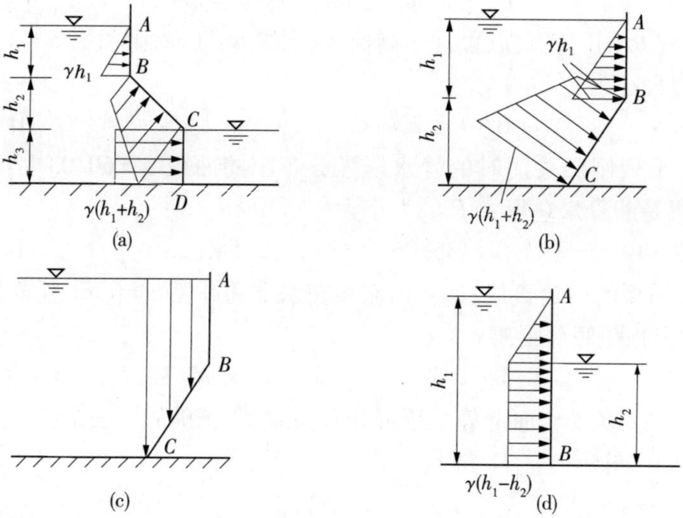

图 2-19

16. 图 2-20 为 AB 受压面上压力体剖面图绘制，正确的说法是(　　)。

A. (a)(b)图正确　　B. (a)(c)图错　　C. (b)(c)图错　　D. 都正确

17. 图 2-21 为 AB 受压面上压力体剖面图绘制，正确的说法是(　　)

A. (a)图错　　B. (c)图错

C. (b)图错　　D. (a)(b)(c)图都正确

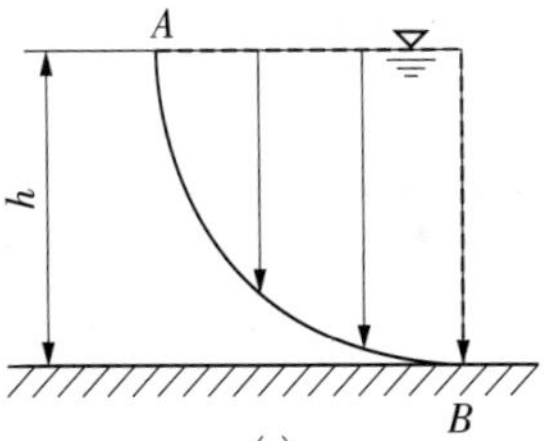

图 2-20

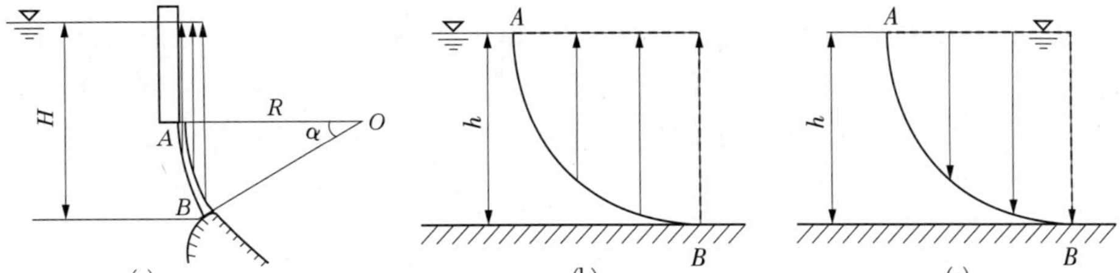

图 2-21

2.4 组合题

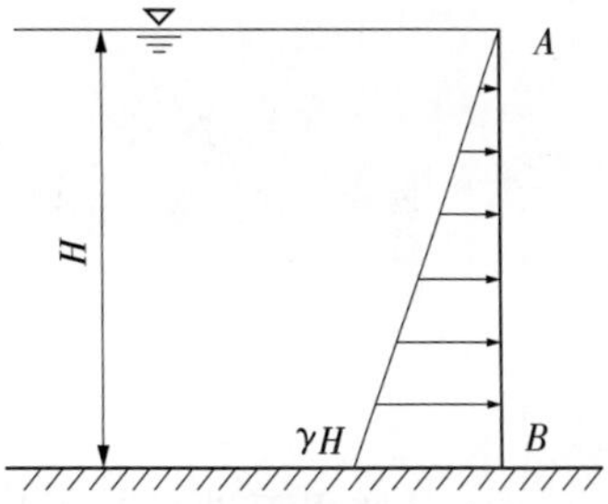

图 2-22

渠道上有一平面闸门 AB(见图 2-22),宽 $b=4$ m,闸门在水深 $H=2.5$ m 下工作。求当闸门竖直时受到的静水总压力。

(1)静水压强分布图如图 2-22 所示,则静水压强分布图的面积 S 为(　　)。

A. 30.63 kN/m　　B. 36.63 kN/m

C. 63.03 N/m　　D. 36.63 N/m

(2)计算受压面底部 B 点的静水压强公式为(　　)。

A. $P=\gamma H$　　B. $P=bH$　　C. $P=Sb$　　D. $P=\gamma b$

(3)计算受压面静水总压力公式为(　　)。

A. $P=\gamma H$　　B. $P=bH$　　C. $P=Sb$　　D. $P=\gamma b$

(4)受压面 AB 静水总压力大小近似为(　　)。

A. 122.5 kN　　B. 152.6 kN　　C. 132.5 kN　　D. 165.8 kN

(5)静水压力方向(　　)。

A. 垂直指向受压面　　B. 竖直向下

C. 竖直向上　　D. 任意方向

3 恒定管流水力分析与计算

3.1 计算、绘图题

1. 图 3-1 为某水库的泄洪洞,已知洞长 $L=300$ m,管径 $d=0.75$ m,泄洪洞的沿程水头损失系数 $\lambda=0.03$,进口处的局部水头损失系数 $\zeta_{进}=0.5$,转弯处的局部水头损失系数 $\zeta_{折}=0.2$,水库水位为 32.5 m,泄洪洞出口中心高程为 15 m,下游水位为 12 m,水库中流速不计,试求泄洪洞的泄流量 Q。

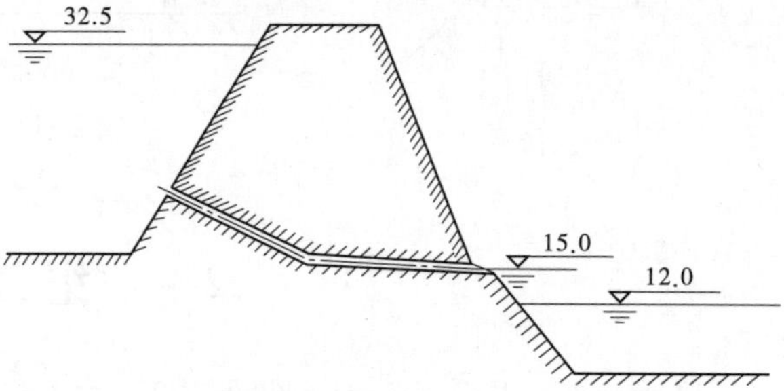

图 3-1

2. 某路堤下设有钢筋混凝土泄水管,如图 3-2 所示,管长 $L=50$ m,管径 $d=1.25$ m,路堤上游面与水平面的夹角为 30°,进出口局部水头损失系数分别为 $\zeta_{进}=0.91$、$\zeta_{出}=1.0$,上下游水位差 $z=20$ m,水管的粗糙系数 $n=0.013$,上下游流速相等,试求泄水管内泄流量 Q。

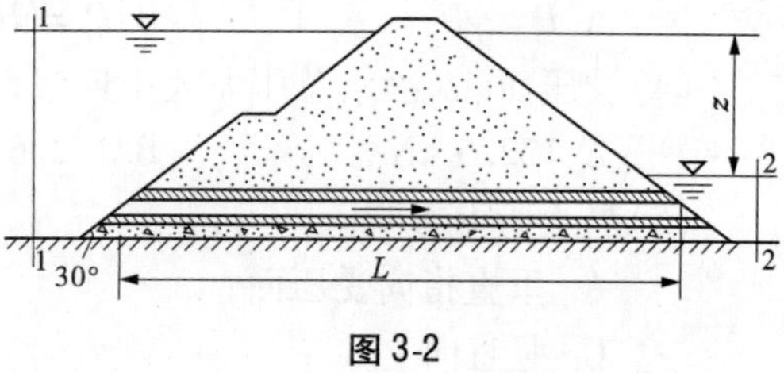

图 3-2

3. 某灌溉渠道利用直径 $d=1$ m 的钢筋混凝土虹吸管自水源引水,如图 3-3 所示,虹吸管上下游水位差 $z=1$ m,虹吸管全长 $L=25$ m,虹吸管进口处的局部水头损失系数 $\zeta_{进}=2.5$,弯段的局部水头损失系数 $\zeta_{折}=0.6$,试求:①通过虹吸管的流量 Q;②当虹吸管第二弯管前断面的最大允许真空高度为 7 m,由进口至该断面的管长为 13 m 时,虹吸管的管轴线最高可以高出上游水面多少?

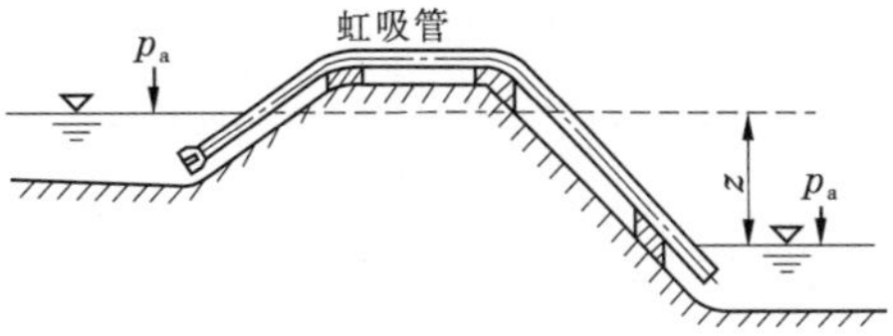

图 3-3

4. 某水泵将水抽至水塔,如图 3-4 所示,已知抽水流量 $Q=100$ L/s,吸水管长 $L_1=30$ m,提水高度 $z=70$ m,压水管长 $L_2=500$ m,吸水管、压水管管径 $d=300$ mm,水管的沿程水头损失系数 $\lambda=0.03$,水泵允许真空高度为 6 m,进口处的局部水头损失系数 $\zeta_{进}=6$,转弯处的局部水头损失系数 $\zeta_{折}=0.4$,试求:①水泵的扬程 H;②水泵的最大安装高度 h_s。

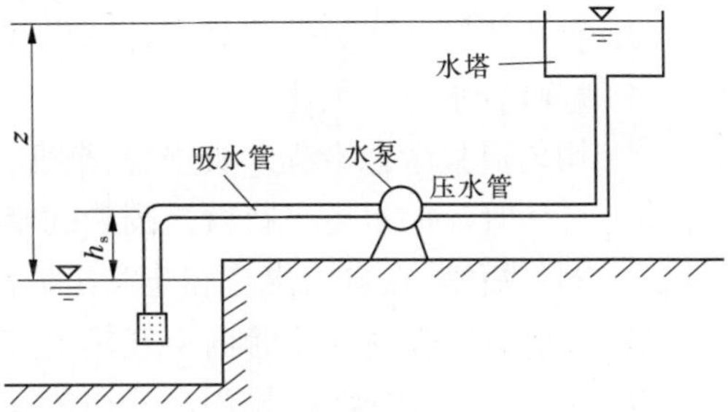

图 3-4

5. 定性绘出图 3-5 中各管道总水头线和测压管水头线。

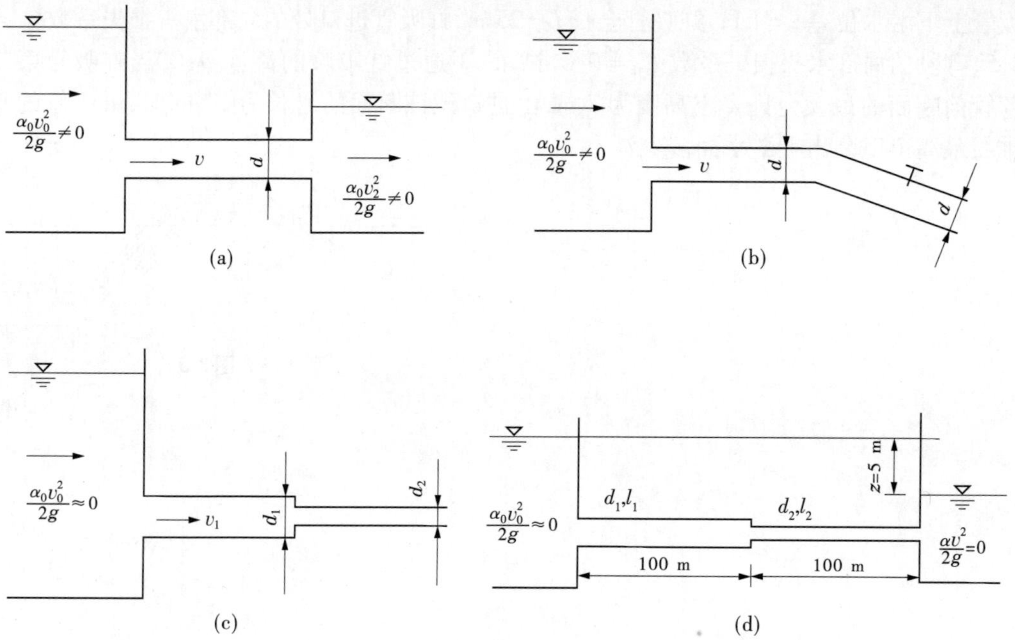

图 3-5

3.2 判断题

1. 水泵的扬程就是指水泵的提水高度。 (　　)
2. 在管流分类中,较长的水管一定是长管,较短的水管一定是短管。 (　　)
3. 有压短管的水力计算只需计算局部水头损失和流速水头。 (　　)
4. 虹吸管水流为无压流。 (　　)
5. 均匀流只考虑沿程水头损失,渐变流只考虑局部水头损失。 (　　)
6. 有压管流的水力半径就是圆管的半径。 (　　)
7. 同一短管,在自由出流和淹没出流条件下,泄流能力相同。 (　　)
8. 虹吸管工作时先将管内空气排出,使管内形成一定的真空。 (　　)
9. 倒虹吸管、虹吸管、排污水管均按有压短管计算。 (　　)
10. 水泵的扬程就是指水泵向单位重量水体所提供的能量。 (　　)
11. 计算水头损失时,长管和短管都要考虑局部水头损失和沿程水头损失。 (　　)
12. 无外界能量输入时总水头线一定沿流程下降。 (　　)
13. 测压管水头线一定沿流程下降。 (　　)
14. 有压管道内水流无自由水面。 (　　)
15. 有压管道横断面的周界就是湿周。 (　　)
16. 有压管道水流主要靠压力流动。 (　　)
17. 定性绘制总水头线时,有压管道进口前水池中总水头线与水面线重合。 (　　)

18. 定性绘制测压管水头线时，一般从上游进口断面开始向下游绘制。（ ）
19. 在管流分类中，长管与短管是按长短划分的。（ ）
20. 只要管径沿程不变的有压管道就是简单管道。（ ）
21. 管径、流量、粗糙系数均沿程不变，且无分支的有压管道就是简单管道。（ ）
22. 简单有压管道无分支。（ ）
23. 简单有压管道的流量沿程增大。（ ）
24. 倒虹吸管一般按有压短管进行水力计算。（ ）
25. 虹吸管为有压输水短管。（ ）
26. 虹吸管安装高度就是真空高度。（ ）
27. 图3-6为有压管道自由出流出口处的总水头线与测压管水头线的正确绘制。（ ）
28. 图3-7为管道淹没出流出口边界条件下总水头线与测压管水头线的正确绘制。（ ）

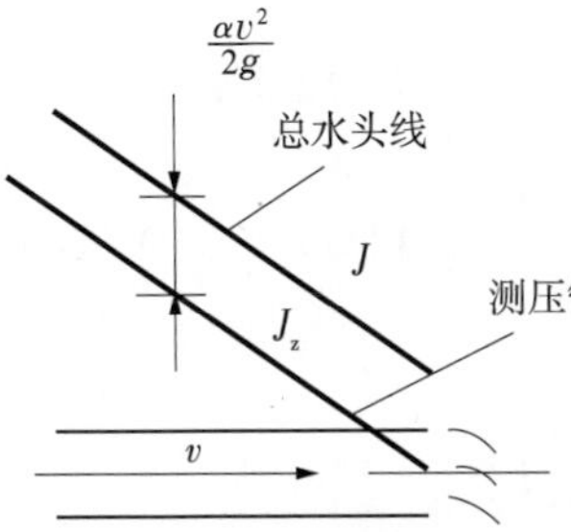

图3-6

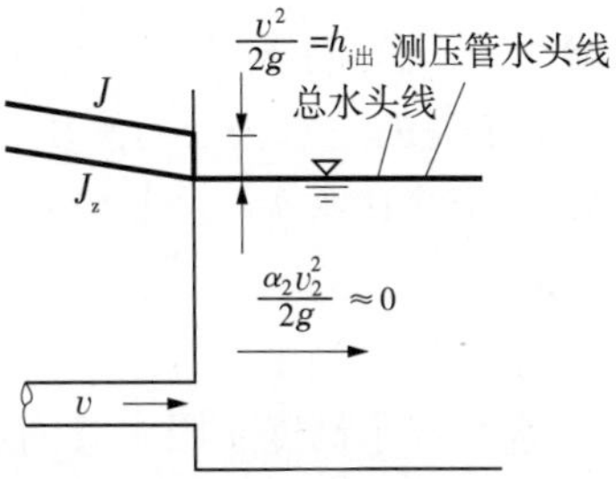

图3-7

29. 图3-8为复杂管道总水头线与测压管水头线的正确绘制。（ ）

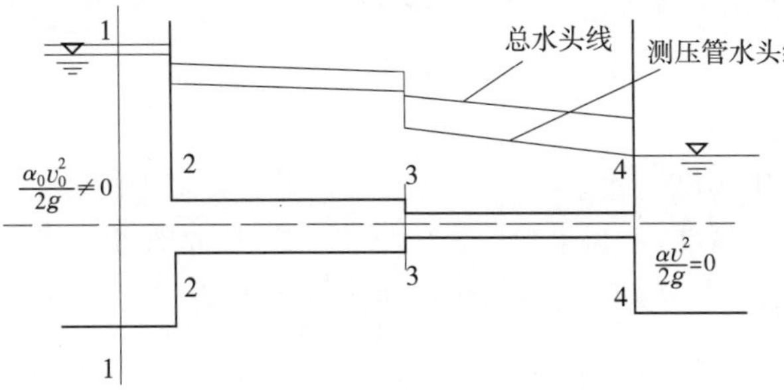

图3-8

3.3 选择题

1. 如图3-9所示，抽水机吸水管内断面A—A的相对压强p为（ ）。

A. $p>0$　　B. $p<0$　　C. $p=0$　　D. 不定

2. 如图3-10所示，容器中的水通过一水平等直径管道流入大气，则管中A、B两点压强p_A与p_B的关系为（ ）。

A. $p_A < p_B$　　B. $p_A > p_B$　　C. $p_A = p_B$　　D. 无法确定

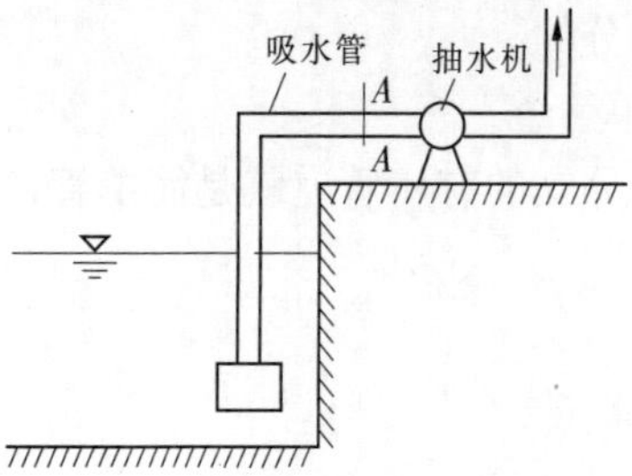

图 3-9

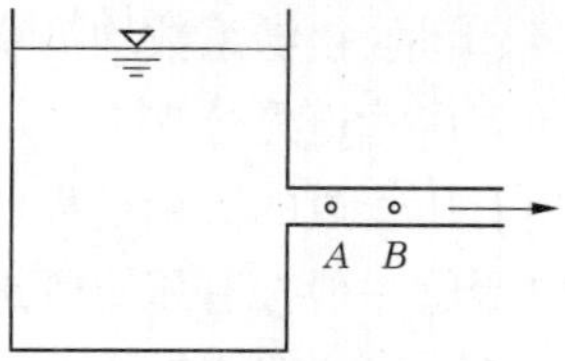

图 3-10

3. 以下关于恒定管流测压管水头线和总水头线的叙述不正确的是(　　)。

A. 总水头线一定高于测压管水头线

B. 总水头线一定沿流程下降

C. 总水头线和测压管水头线都一定沿流程下降

D. 均匀流时测压管水头线和总水头线一定是流程倾斜下降直线

4. 运动水流的总水头线与测压管水头线之间相差(　　)。

A. 一个流速水头　　B. 一个位置水头　　C. 两个流速水头　　D. 以上都对

5. 水泵的扬程是指(　　)。

A. 水泵提水高度

B. 水泵提水高度 + 吸水管的水头损失

C. 水泵提水高度 + 吸水管与压水管的水头损失

D. 以上都不对

6. 长管水力计算中不计入(　　)。

A. 局部水头损失 h_j　B. 沿程水头损失 h_f　C. 流速水头 $\alpha v^2/2g$　D. $h_j + \alpha v^2/2g$

7. 水泵的扬程是指(　　)。

A. 水泵的提水高度　　B. 水泵向单位重量水流提供的能量

C. 水泵的安装高度　　D. 吸水管和压水管的水头损失

8. 某有压管道的直径 $d=4$ m,该管道的水力半径 R 为(　　)m。

A. 1　　B. 0.5　　C. 2　　D. 3

9. 某有压管道的直径 $d=1$ m,该管道的湿周 χ 为(　　)m。

A. 1　　B. 2　　C. 3.14　　D. 3

10. 某有压管道的直径 $d=2$ m,该管道的过水断面面积 A 为(　　)m^2。

A. 4　　B. 12.56　　C. 3.14　　D. 2

11. 下列关于倒虹吸的说法错误的是(　　)。

A. 进口段有水面降落值 Δz_1

B. 出口段有水面回升值 Δz_3

C. 倒虹吸管段有水面落差 Δz_2

D. 倒虹吸管的水面总落差 $\Delta z = \Delta z_1 + \Delta z_2 + \Delta z_3$

12. 如图 3-11 所示的有压管道,水流为自由出流,线 A 为(　　)。

A. 总水头线　　B. 测压管水头线　　C. 管轴线　　D. 水面线

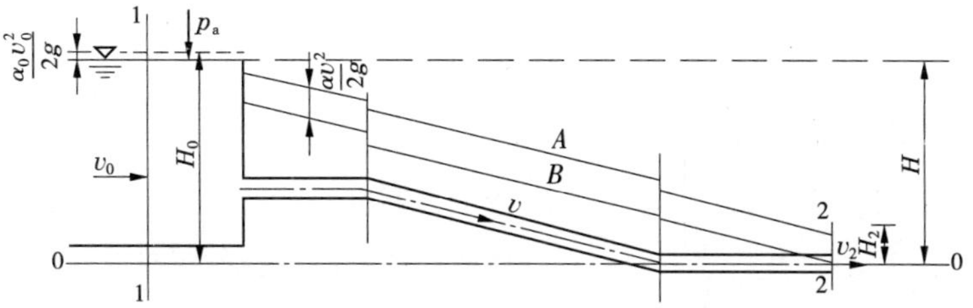

图 3-11

13. 如图 3-11 所示的有压管道,水流为自由出流,线 B 为(　　)。

A. 总水头线　　B. 测压管水头线　　C. 管轴线　　D. 水面线

14. 如图 3-11 所示的有压管道,水流为自由出流,管道出口过水断面 2—2 管轴中心点相对压强(　　)。

A. $p<0$　　B. $p=0$　　C. $p>0$　　D. 无法确定

15. 如图 3-12 所示的有压管道中,(　　)为简单管道。

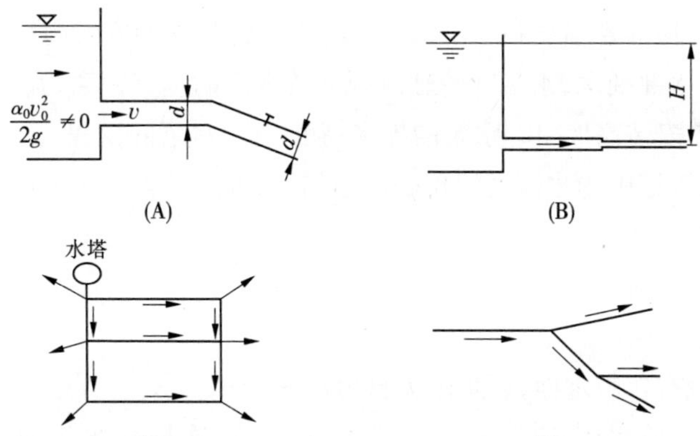

图 3-12

16. 某水库泄洪洞为自由出流,出口管轴线中心点高程为 15 m,水库中水位为 32.5 m,作用水头 H 为(　　)m。

A. 17.5　　B. 19　　C. 20.5　　D. 12.5

17. 如图 3-13 所示,用相同材料做成的 4 根管子泄水,4 根管子的管径和长度均相等,沿程水头损失系数相同,则管 1 和管 2 的泄流量(　　)。

A. $Q_1=Q_2$　　B. $Q_1>Q_2$　　C. $Q_1<Q_2$　　D. 不能确定

18. 如图 3-13 所示,用相同材料做成的四根管子泄水,四根管子的管径和长度均相等,沿程水头损失系数相同,则管 3 和管 4 的泄流量(　　)。

A. $Q_3=Q_4$　　B. $Q_3>Q_4$　　C. $Q_3<Q_4$　　D. 不能确定

19. 如图3-14所示,钢筋混凝土虹吸管自水源引水,过水断面2—2处相对压强p为( )。

A. $p<0$　　B. $p=0$　　C. $p>0$　　D. 无法确定

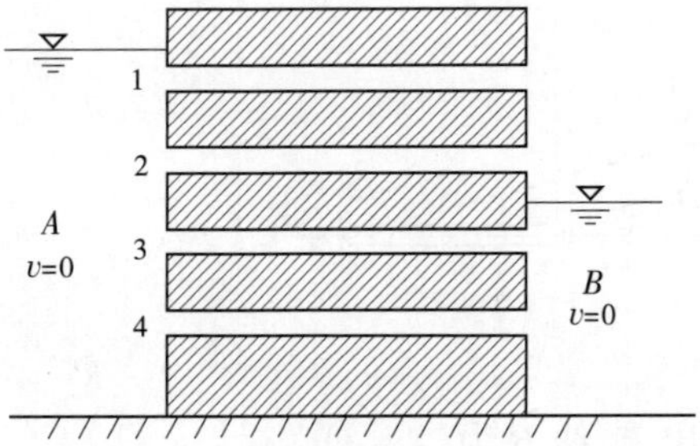

图3-13

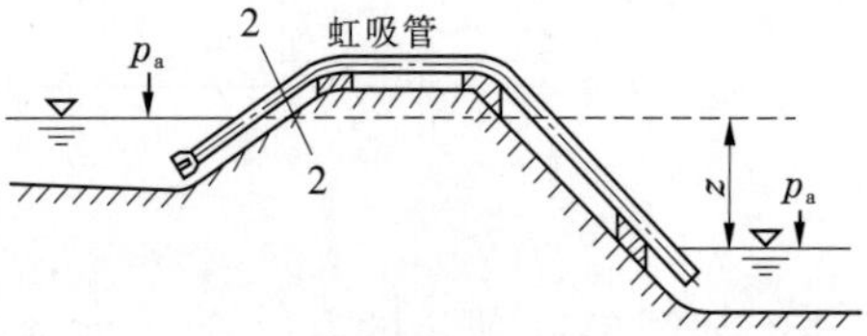

图3-14

20. 下列关于虹吸管说法错误的是( )。

A. 虹吸管为有压短管

B. 虹吸管工作时先将管内空气排出,使管内形成一定的真空

C. 虹吸管的安装高度即为真空高度

D. 虹吸管顶部管轴线到上游水面的距离为虹吸管的安装高度

21. 水泵自吸水井抽水,水泵叶轮轴线到上游水面的垂直距离为( )。

A. 水泵的安装高度　B. 水泵的提水高度　C. 水泵的扬程　D. 水泵的高程

22. 关于有压管道中的水流说法正确的是( )。

A. 无自由水面

B. 有自由水面

C. 不确定

D. 前半段有自由水面,后半段无自由水面

23. 某简单有压输水管道,出口条件为自由出流,作用总水头$H_0=5$ m,流量系数$\mu=0.52$,过水断面面积$A=0.1$ m^2,则输水流量Q为( )m^3/s。

A. 0.51　　B. 1.30　　C. 1.40　　D. 1.87

24. 某简单有压输水管道,出口条件为淹没出流,输水流量$Q=0.2$ m^3/s,流量系数$\mu=0.2$,过水断面面积$A=0.1$ m^2,则作用总水头z_0为( )m。

A. 5.1　　B. 20.4　　C. 40.8　　D. 10.2

25. 定性绘制恒定管流测压管水头线和总水头线时,下列叙述不正确的是( )。

A. 对于管径不变的直管道,测压管水头线和总水头线为倾斜下降、相互平行的直线

B. 有局部水头损失断面的总水头线画成竖直下降的直线

C. 管道出口为自由出流时,测压管水头线末端与出口断面中心重合

D. 管道出口为淹没出流时,测压管水头线末端与下游水面齐平

26. 下列哪些有压管道一般不按有压短管进行水力计算(　　)。

A. 倒虹吸管　B. 虹吸管　C. 水泵压水管　D. 自来水管网

27. 下列哪项不是简单有压管道的特点?(　　)

A. 流量沿程不变　B. 管径沿程不变

C. 管道材料沿程不变　D. 管径沿程减小

28. 某简单有压管道,沿程水头损失 $h_f = 15$ m,局部水头损失 $h_j = 0.4$ m,流速水头 $\alpha v^2/2g = 0.5$ m,则该有压管道为(　　)。

A. 长管　B. 短管　C. 都不是　D. 不能确定

29. 某简单有压输水管道,出口条件为自由出流,输水流量 $Q = 0.2\ m^3/s$,流量系数 $\mu = 0.2$,过水断面面积 $A = 0.1\ m^2$,上游水池中行近流速不计,则作用水头 H 为(　　)m。

A. 5.10　B. 12.46　C. 20.41　D. 8.52

30. 某简单有压输水管道,出口条件为自由出流,作用水头 H 为 5 m,行近流速 $v_0 = 1$ m/s,则作用总水头 H_0 为(　　)m。

A. 5.05　B. 5.13　C. 20.17　D. 20.32

31. 某简单有压输水管道,出口条件为淹没出流,管道进口前上游水箱中水位为 100 m,下游水箱水位为 96 m,则作用水头 z 为(　　)m。

A. 2　B. 3　C. 4　D. 5

32. 下列关于虹吸管的安装高度说法正确的是(　　)。

A. 虹吸管的安装高度即为提水高度

B. 虹吸管的安装高度即为真空高度

C. 虹吸管顶部管轴线到上游水面的铅直距离为虹吸管的安装高度

D. 以上都不对

33. 有压管道的水力半径与管径的比值 R/d 为(　　)。

A. 1/4　B. 1/2　C. 4　D. 2

34. 某水泵把水流从 85 m 水位抽到 105 m 水位高度处,则水泵的提水高度是(　　)m。

A. 10　B. 20　C. 30　D. 40

35. 某水泵扬程是 10 m,吸水管水头损失 1 m,压水管水头损失 1 m,问水泵的提水高度是(　　)m。

A. 6　B. 7　C. 8　D. 9

36. 某水泵的提水高度是 10 m,吸水管水头损失 2 m,压水管水头损失 2 m,问选择水泵的扬程最少应是(　　)m。

A. 8　B. 10　C. 12　D. 14

37. 图 3-15 为管道不同出口边界条件总水头线与测压管水头线的绘制,正确的是(　　)。

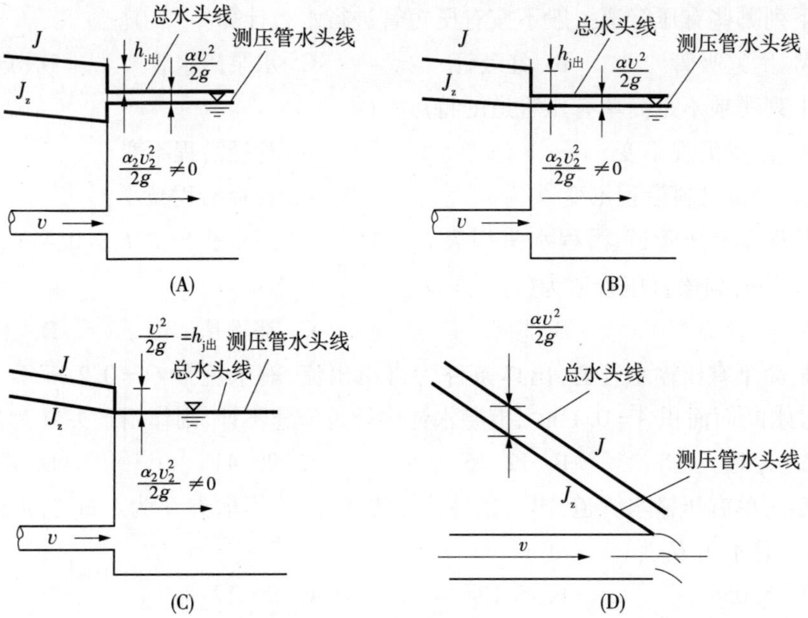

图 3-15

38. 图 3-16 所示的两线为管道淹没出流进口边界条件下总水头线与测压管水头线的绘制，正确的是(　　)。

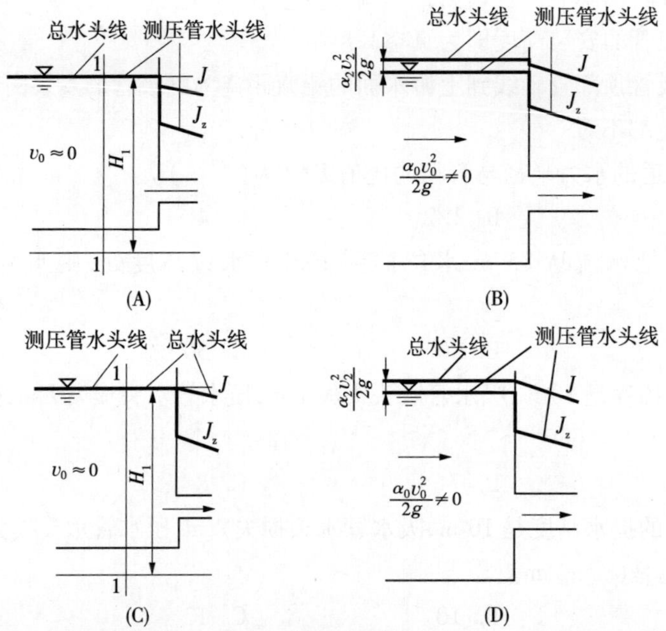

图 3-16

39. 图 3-17 绘制的总水头线与测压管水头线，错误的是(　　)。

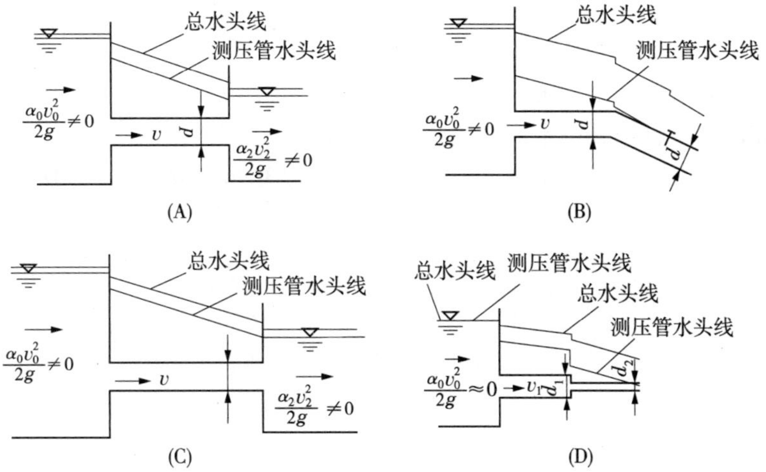

图 3-17

3.4 组合题

有一灌溉渠道，利用直径 $d=1$ m 的钢筋混凝土虹吸管自水源引水(见图 3-3)，虹吸管上下游水位差 $z=3$ m，虹吸管全长 $L=20$ m，虹吸管沿程水头损失系数 $\lambda=0.024$，进口、出口处的局部水头损失系数分别为 2.5 和 1.0，虹吸管每个弯段的局部水头损失系数 $\zeta=0.6$。计算虹吸管的流量。

(1)钢筋混凝土虹吸管出流情况为(　　)。

A. 淹没出流　　B. 自由出流

C. 不是自由出流也不是淹没出流　　D. 上述说法都不对

(2)下面关于计算钢筋混凝土虹吸管泄流量方法，叙述错误的是(　　)。

A. 可以利用简单有压短管流量公式计算

B. 可以利用能量方程计算虹吸管泄流量

C. 两种方法都不可以　　D. 两种方法都可以

(3)如果利用简单有压短管流量公式计算，则本题流量公式为(　　)。

A. $Q=\mu_c A\sqrt{2gH_0}$，$\mu_c=\dfrac{1}{\sqrt{1+\lambda\dfrac{L}{d}+\sum\zeta}}$

B. $Q=\mu_c A\sqrt{2gz}$，$\mu_c=\dfrac{1}{\sqrt{\lambda\dfrac{L}{d}+\sum\zeta}}$

C. $Q=\mu_c A\sqrt{2gH_0}$，$\mu_c=\dfrac{1}{\sqrt{\lambda\dfrac{L}{d}+\sum\zeta}}$

D. $Q=\mu_c A\sqrt{2gz}$，$\mu_c=\dfrac{1}{\sqrt{1+\lambda\dfrac{L}{d}+\sum\zeta}}$

(4)钢筋混凝土虹吸管泄流量近似为(　　)。

A. 2.135 m^3/s　　B. 2.645 m^3/s　　C. 2.465 m^3/s　　D. 3.465 m^3/s

(5)钢筋混凝土虹吸管中水流平均流速近似为(　　)。

A. 5.430 m/s　　B. 4.396 m/s　　C. 3.963 m/s　　D. 3.369 m/s

4 明渠恒定均匀流水力分析与计算

4.1 计算题

1. 某梯形断面渠道,底宽 $b=2$ m,边坡系数 $m=2$,底坡 $i=0.001$,粗糙系数 $n=0.022$,当正常水深 $h_0=1$ m时,试求渠道通过的流量 Q。

2. 某混凝土梯形断面渠道按照均匀流设计,现已知通过的流量 $Q=35$ m^3/s,底宽 $b=8$ m,边坡系数 $m=1.5$,粗糙系数 $n=0.012\,5$,底坡 $i=0.001\,2$,试求保证超高 $\Delta h=0.3$ m时渠堤的高度。

3. 某土质梯形灌溉渠道按照均匀流设计，根据渠道等级、土质情况确定渠道的底坡 $i=0.001$，边坡系数 $m=1.5$，粗糙系数 $n=0.025$，渠道设计流量 $Q=4.2\ m^3/s$，并选定水深 $h_0=1\ m$，试设计渠道的底宽 b。

4. 在坚固的黄土中开挖梯形断面的渠道，已知渠中通过的流量 $Q=4\ m^3/s$，粗糙系数 $n=0.0225$，边坡系数 $m=1$，底坡 $i=0.0004$，选定渠道的宽深比 $\beta=b/h_0=2.5$，试求渠道的底宽 b 和正常水深 h_0。

5. 某钢筋混凝土矩形断面渡槽，底宽 $b=5\ m$，粗糙系数 $n=0.014$，设计流量 $Q=26\ m^3/s$，正常水深 $h_0=3.08\ m$，试求：①渡槽的底坡 i。②校核此时渡槽内流速 v 是否满足通航要求。（渡槽内允许通航流速 $v<1.8\ m/s$）

4.2 判断题

1. 明渠水流的特点是具有自由水面。 (　　)
2. 平坡渠道中不可能发生均匀流。 (　　)
3. 长直棱柱形正坡渠道中，水流为恒定流时一定是均匀流。 (　　)
4. 明渠恒定均匀流的测压管水头线就是水面线。 (　　)
5. 梯形过水断面的边坡系数 m 越大，边坡越缓；m 越小，边坡越陡。 (　　)
6. 在我国人工渠道中，矩形断面占绝大多数。 (　　)
7. 明渠过水断面上各点的流速都是相等的。 (　　)
8. 在棱柱体逆坡明渠上可以产生均匀流。 (　　)
9. 正坡是产生明渠恒定均匀流的必需条件。 (　　)
10. 明渠恒定均匀流总水头线、水面线和渠底线相互平行。 (　　)
11. 长直棱柱体顺坡渡槽，槽身段进出口水面落差等于渡槽渠底落差。 (　　)
12. 长江是人工渠道。 (　　)
13. 明渠水流自由水面上各点相对压强为零，绝对压强均等于大气压强。 (　　)
14. 水工建筑物上下游附近不可能形成均匀流。 (　　)
15. 明渠恒定均匀流过水断面上沿水深流速最大点在渠底。 (　　)
16. 明渠恒定均匀流是指运动要素不随时间变化的流动。 (　　)
17. 明渠水流主要靠重力流动。 (　　)
18. 南水北调中线渠道是人工渠道。 (　　)
19. 边坡系数 $m=2$ 的梯形渠道要比 $m=3$ 的梯形渠道边坡缓。 (　　)
20. 平坡渠道中可能发生均匀流。 (　　)
21. 非棱柱体渠道是产生明渠恒定均匀流的必需条件。 (　　)
22. 粗糙程度沿程不变是产生明渠恒定均匀流的必需条件。 (　　)
23. 渠道断面形状、尺寸和底坡沿程不变的顺直渠道称为棱柱体渠道。 (　　)
24. 棱柱体渠道的粗糙程度必须沿程不变。 (　　)
25. 明渠恒定均匀流中，同一流线上不同点的运动要素相等。 (　　)
26. 明渠恒定均匀流中，过水断面面积沿流程保持不变。 (　　)
27. 明渠恒定均匀流中，渠底线与水面线平行。 (　　)
28. 明渠恒定均匀流中，过水断面水位沿流程保持不变。 (　　)
29. 渠道的正常水深就是实际水深。 (　　)
30. 平坡渠道中存在正常水深。 (　　)
31. 逆坡渠道中不存在正常水深。 (　　)
32. 某渠道断面形状尺寸、流量和底坡不变，边壁越粗糙，则正常水深越大。 (　　)

4.3 选择题

1. 明渠恒定均匀流是指(　　)。

A. 速度方向不变,大小可以沿流向改变的流动

B. 运动要素不随时间变化的流动

C. 断面流速均匀分布的流动

D. 运动要素沿流程不变的流动

2. J 为水力坡度,J_p 为水面坡度,i 为底坡,则明渠恒定均匀流的特征是(　　)。

A. $J=J_p=i$　　B. $J\neq J_p\neq i$　　C. $J<J_p<i$　　D. 上述都不是

3. 明渠恒定均匀流可形成于(　　)。

A. 底坡大于零的长直渠道　　B. 棱柱形平坡渠道

C. 非棱柱形顺坡渠道　　D. 流量不变的逆坡渠道

4. 明渠恒定均匀流不可能形成于(　　)。

A. 底坡大于零的长直渠道　　B. 棱柱体顺坡渠道

C. 无阻水建筑物的棱柱体渠道　　D. 流量不变的逆坡渠道

5. 如表 4-1 所示,在正常水深 Excel 计算表格中,如果使用“单变量求解”,则目标单元格是(　　)。

表 4-1　正常水深 Excel 计算表

	A	B	C	D	E	F
1	$Q=$	25	$b=$	8	$m=$	2
2	$n=$	0.025	$i=$	0.000 5		
3	h	A	χ	R	C	Q
4	1.916	22.676	16.570	1.368	42.147	25.000

A. A3　　B. A4　　C. F3　　D. F4

6. 如表 4-1 所示,正常水深 Excel 计算表格中,(　　)是 C4 单元格的计算公式。

A. = \$D \$1 +2 * A4 * SQRT(1 + \$F \$1 * \$F \$1)

B. =(\$D \$1 + \$F \$1 * A4) * A4

C. =B4 * E4 * SQRT(D4 * \$D \$2)

D. =1/\$B \$2 * D4^(1/6)

7. 如表 4-1 所示,正常水深 Excel 计算表格中,如果使用“单变量求解”,则可变单元格是(　　)。

A. A3　　B. A4　　C. F3　　D. F4

8. 如表 4-1 所示,正常水深 Excel 计算表格中,(　　)是 B4 单元格的计算公式。

A. = \$D \$1 +2 * A4 * SQRT(1 + \$F \$1 * \$F \$1)

B. =(\$D \$1 + \$F \$1 * A4) * A4

C. =B4 * E4 * SQRT(D4 * $D $2)

D. =1/$B $2 * D4^(1/6)

9. 理论上讲,明渠恒定均匀流过水断面沿水深 H 方向上流速最大点在(　　)。

A. 水面　B. 水面下 0.4H 处　C. 水面下 0.6H 处　D. 渠底

10. 明渠恒定均匀流水面流速 $v=0.9$ m/s,则水面下 0.4H 处的流速可能是(　　)m/s。

A. 1.2　B. 1.0　C. 0.9　D. 0.6

11. 明渠恒定均匀流是(　　)沿程保持不变。

A. 过水面积、总水头、平均流速　B. 过水面积、湿周、平均流速

C. 过水面积、湿周、测压管水头　D. 总能量、湿周、平均流速

12. 在过水断面面积相同时,水力半径大,则湿周(　　),说明渠道周界对水流的约束小。

A. 大　B. 小　C. 不变　D. 不确定

13. 渠道底坡 $i>0$,称为(　　)。

A. 逆坡　B. 平坡　C. 正坡　D. 负坡

14. 横断面为矩形的渠道边坡系数(　　)。

A. $m=0$　B. $m>0$　C. $m=1$　D. $m<0$

15. 横断面为梯形的渠道边坡系数(　　)。

A. $m=0$　B. $m>0$　C. 不确定　D. $m<0$

16. 对于有不冲不淤要求的渠道的实际流速 v 应满足(　　)。

A. $v<v_{不淤}$　B. $v_{不冲}=v=v_{不淤}$　C. $v_{不冲}\leqslant v\leqslant v_{不淤}$　D. $v_{不冲}\geqslant v\geqslant v_{不淤}$

17. 渠道底坡 $i<0$,称为(　　)。

A. 逆坡　B. 平坡　C. 正坡　D. 陡坡

18. 渠道底坡 $i=0$,称为(　　)。

A. 逆坡　B. 平坡　C. 正坡　D. 陡坡

19. 有两条梯形断面渠道 1 和渠道 2,已知其流量、边坡系数、断面形状尺寸和底坡均相同,粗糙系数 $n_1>n_2$,则其恒定均匀流水深 h_1 和 h_2 的关系为(　　)。

A. $h_1>h_2$　B. $h_1<h_2$　C. $h_1=h_2$　D. 无法确定

20. 有两条梯形断面渠道 1 和渠道 2,已知其流量、边坡系数、断面形状尺寸和粗糙系数均相同,底坡 $i_1>i_2$,则其均匀流水深 h_1 和 h_2 的关系为(　　)。

A. $h_1>h_2$　B. $h_1<h_2$　C. $h_1=h_2$　D. 无法确定

21. 关于明渠水流下列说法错误的是(　　)。

A. 无压水流　B. 有自由水面

C. 靠重力流动　D. 横断面周长等于湿周

22. 棱柱体渠道的定义是(　　)。

A. 断面形状、大小沿流程不变,轴线为直线

B. 断面形状沿流程不变,轴线为直线

C. 断面大小沿流程不变,轴线为直线

D. 断面形状为矩形,轴线为直线

23. 明渠恒定均匀流的水深称为(　　)。

A. 正常水深　B. 临界水深　C. 收缩断面水深　D. 共轭水深

24. 下列说法错误的是(　　)。

A. 边坡系数大小反映渠道横断面左右岸边坡陡缓程度

B. 底坡大小反映渠道纵向渠底线沿程变化陡缓程度

C. 雷诺数大小反映明渠水流急缓程度

D. 粗糙系数大小反映边壁粗糙度对水流的影响

25. 某梯形渠道如图 4-1 所示,该渠道的湿周χ计算公式为(　　)。

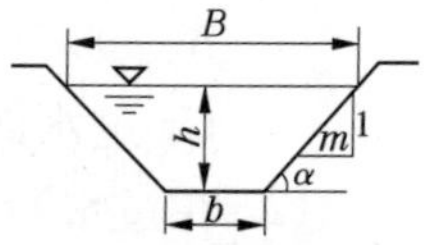

图 4-1

A. $\chi=(b+mh)h$　B. $\chi=b+2h\sqrt{1+m^2}$

C. $\chi=b+2mh$　D. $\chi=b+2h$

26. 下列关于正常水深说法正确的是(　　)。

A. 无压水流水深叫正常水深　B. 有压水流水深叫正常水深

C. 明渠恒定非均匀流水深叫正常水深　D. 明渠恒定均匀流水深叫正常水深

27. 下列不影响正常水深大小物理量是(　　)。

A. 流量　B. 临界底坡　C. 粗糙系数　D. 断面形状尺寸

28. 明渠恒定均匀流流量计算公式是(　　)。

A. $Q=AC\sqrt{Ri}$　B. $Q=\sigma_s\mu_0 Be\sqrt{2gH_0}$

C. $Q=\mu_c A\sqrt{2gH_0}$　D. $Q=\sigma_s\varepsilon mB\sqrt{2g}H_0^{\frac{3}{2}}$

29. 某梯形断面灌溉渠道,已知底宽 $b=7$ m,边坡系数 $m=1.5$,当水深 $h=2$ m 时,其过水断面面积 A 为(　　)m^2。

A. 15　B. 14　C. 20　D. 22

30. 某梯形断面灌溉渠道,已知底宽 $b=7$ m,边坡系数 $m=1.5$,当水深 $h=2$ m 时,则其过水断面的湿周χ为(　　)m。

A. 14.2　B. 27.2　C. 10.6　D. 20

31. 某矩形断面渠道底宽 $b=4$ m,水深 $h=3$ m,则其过水断面面积为(　　)m^2。

A. 10　B. 7　C. 12　D. 4

32. 某矩形断面的渠道,过水断面面积 $A=18$ m^2,水力半径 $R=2$ m,谢才系数 $C=40.05$,底坡 $i=0.0004$,则设计流量 Q 为(　　)m^3/s。

A. 9.5　B. 10.2　C. 12　D. 20

33. 明渠恒定均匀流中,下列说法不正确的是(　　)。

A. 水深沿程不变　B. 断面平均流速沿程不变

C. 水位沿程不变　D. 流线为相互平行直线

34. 明渠恒定均匀流中,下列说法正确的是(　　)。

A. 水面线与渠底线平行　B. 水深沿程减小

C. 水深沿程增大　D. 水面线为曲线

35. 某渠道断面形状尺寸、流量和底坡不变,边壁越光滑,则正常水深(　　)。

A. 越大　　B. 越小　　C. 不变　　D. 不一定

4.4 组合题

一梯形断面渠道,底宽 $b=2.0$ m,边坡系数 $m=1.0$,底坡 $i=0.001$,粗糙系数 $n=0.024$。当正常水深 $h_0=1.0$ m 时,计算此渠道的过水面积、湿周、水力半径、谢才系数及流量。

(1)计算本渠道流量公式为(　　)。

A. $Q=\mu_c A\sqrt{2gH_0}$　　B. $Q=AC\sqrt{Ri}$

C. $Q=AR\sqrt{Ci}$　　D. $Q=\mu_c A\sqrt{2gz}$

(2)此渠道的过水面积 A 为(　　)。

A. 3 m^2　　B. 4 m^2　　C. 4 m　　D. 5 m^2

(3)此渠道的湿周 χ 近似为(　　)。

A. 8.43 m　　B. 0.62 m^2　　C. 0.62 m　　D. 4.83 m

(4)此渠道的谢才系数 C 近似为(　　)。

A. 34.13　　B. 38.49　　C. 46.15　　D. 31.93m

(5)此渠道通过流量 Q 近似为(　　)。

A. 2.878 m^3/s　　B. 5.259 m^3/s　　C. 5.259 m^3　　D. 3.432 m^3/s

5　渠道恒定非均匀渐变流水面曲线分析与计算

5.1　计算、绘图题

1. 某矩形断面明渠 $Q=25\ \mathrm{m^3/s}$，底宽 $b=6$ m，渠道中实际水深 $h=3.0$ m，试用三种方法判别明渠水流是急流还是缓流。

2. 某梯形断面渠道中水流为恒定均匀流，底宽 $b=5$ m，边坡系数 $m=1.5$，当通过流量 $Q=28\ \mathrm{m^3/s}$ 时，正常水深 $h_0=2.58$ m，试求：①干扰波的波速 v_w；②弗劳德数 Fr；③判别明渠水流的流态。

3. 如图 5-1 所示，在溢洪道坡脚处的水平护坦上发生水跃，跃前水深 $h'=2.6$ m，溢洪道断面为矩形，底宽 $b=24.38$ m，通过的流量 $Q=1\ 588.53\ \mathrm{m^3/s}$，试求：①跃后水深 h''；②水跃长度 L_j。

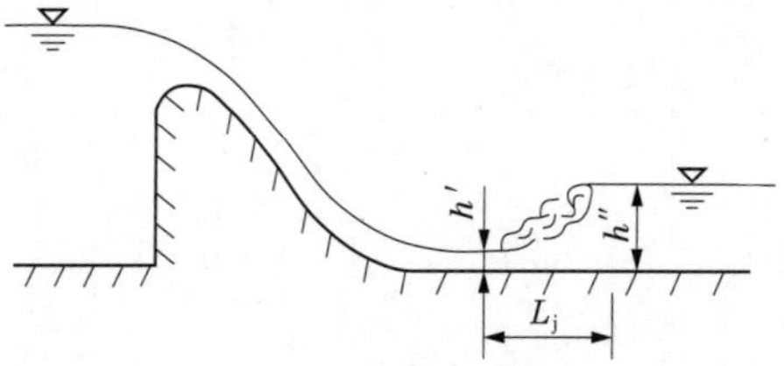

图 5-1

4. 图 5-2 均表示棱柱体渠道纵向底坡变化情况,假定渠道通过流量、断面形状和粗糙系数不变,且各渠段足够长,定性分析渠道水面线并注出其型式。

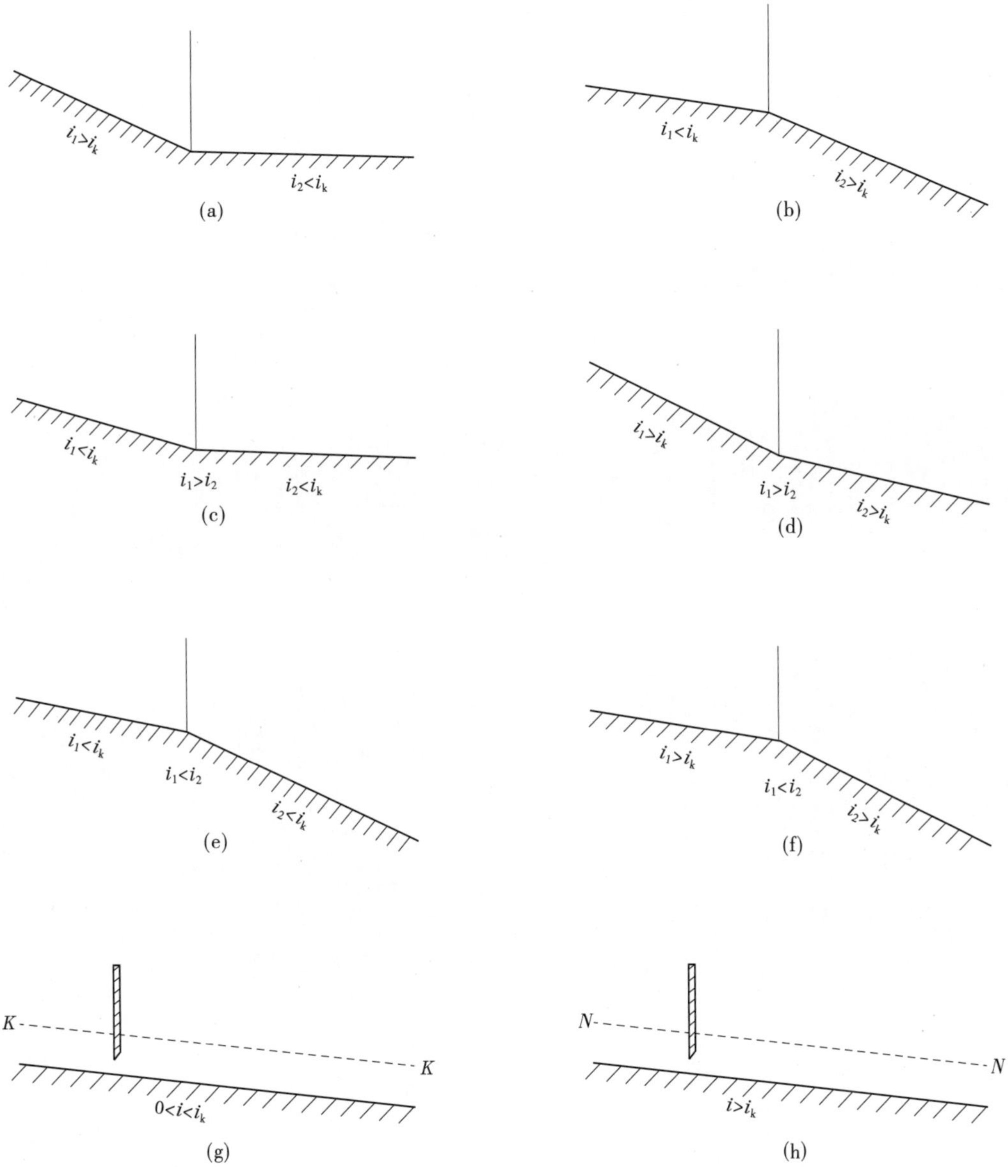

图 5-2

5. 某梯形断面的渠道，底宽 $b=7.5$ m，边坡系数 $m=2$，底坡 $i=0.000\,35$，粗糙系数 $n=0.025$，在该渠道上修建一节制闸，已知当水闸通过流量 $Q=40\ m^3/s$ 时的闸前水深 $h=3.8$ m，试计算节制闸上游水面线的壅水长度并绘制水面线。（注：当水深从大于 h_0 趋近于 h_0 时，水面线计算长度可计算到 $h=1.01h_0$；当水深从小于 h_0 趋近 h_0 时，水面线可计算到 $h=0.99h_0$，要求详细写出一段水面线计算过程，其他段水面线计算结果以表格表示）

5.2 判断题

1. 棱柱体恒定非均匀渐变流水面线计算时,若为急流,则应从下游向上游分段计算。 ( )

2. 水跃只能发生于平底明渠中。 ( )

3. 在 $i < i_k$ 的棱柱体明渠中发生非均匀流时,不可能是急流。 ( )

4. 缓坡上修建水闸,闸上游产生壅水曲线。 ( )

5. 棱柱体明渠恒定非均匀渐变流 b 区可以产生壅水曲线。 ( )

6. 计算 a_1 型水面曲线时,控制断面应选在下游,从下游向上游推算。 ( )

7. 明渠恒定非均匀流运动要素沿流程是变化的,其水深沿流程可能增加,也可能减小。 ( )

8. 明渠恒定非均匀流水深沿流程增加时,水面线为壅水曲线,水深沿流程减小时,水面线为降水曲线。 ( )

9. 当运动水流中水面产生的干扰波只能向上游传播时,水流为缓流。 ( )

10. 急流的水面干扰波不能向上游传播,只能向下游传播。 ( )

11. 临界流时水面产生的干扰波开始只能向下游传播,不能向上游传播。 ( )

12. 断面比能沿流程总是减小的。 ( )

13. 明渠恒定非均匀流水面线与渠底线平行。 ( )

14. 在流量和渠道断面形式、尺寸一定的条件下,跃前水深越大,跃后水深也越大。 ( )

15. 临界水深 h_k 与渠道形状、尺寸和渠道中的流量有关。 ( )

16. 明槽水流的急流和缓流是用弗劳德数 Fr 判别的,当 $Fr > 1$ 时为急流。 ( )

17. 两条明渠的断面形状、尺寸、粗糙系数和通过的流量完全相等,但底坡不同,则它们的正常水深不等。 ( )

18. 明渠恒定非均匀流水面线为曲线,明渠恒定均匀流水面线为平行于渠底的直线。 ( )

19. 棱柱体明渠恒定非均匀渐变流 a 区只能产生壅水曲线。 ( )

20. 水流从缓流过渡到急流发生水跃(临界坡除外)。 ( )

21. 当明渠均匀流水深大于临界水深时,该水流一定是急流。 ( )

22. 缓坡上只能出现非均匀流缓流。 ( )

23. 平坡渠道中可能形成三种水面线。 ( )

24. 壅水水面曲线水深是沿程减小的。 ( )

25. 陡坡上一定发生急流,缓坡上一定发生缓流。 ( )

26. 棱柱体渠道上可能发生的恒定非均匀渐变流水面线共有 12 种。 ( )

27. 棱柱体恒定非均匀渐变流水面线按水深分段计算。 ( )

28. 水跃的跃后断面水深大于跃前断面水深。 ( )

29. 工程上利用水跃来消能。 ( )

30. 在流量和渠道断面形式一定的条件下，跃前水深越大，跃后水深越小。（　）
31. 明渠恒定均匀流不同断面上的断面比能相等。（　）
32. 发生水跃时水深从大于临界水深过渡到小于临界水深。（　）
33. 两条明渠的断面形状、尺寸、粗糙系数和通过的流量完全相等，但底坡不等，则它们的临界水深是不等的。（　）
34. 水流从缓流过渡到急流发生水跃（临界坡除外）。（　）
35. 非棱柱体恒定非均匀渐变流水面线按水深分段计算。（　）
36. 棱柱体恒定非均匀渐变流水面线计算时要先判断水面线类型。
37. 发生水跃处的水面线是急剧上升的。（　）
38. 非均匀流中流速可以沿程保持不变，但是水深一定沿程变化。（　）
39. 水流只有在非恒定流的前提下，才可能是非均匀流。（　）
40. 图 5-3 为恒定流情况下，长直的棱柱体陡坡渠道水面线的正确绘制。（　）
41. 图 5-4 为恒定流情况下，长直的棱柱体缓坡渠道水面线的正确绘制。（　）

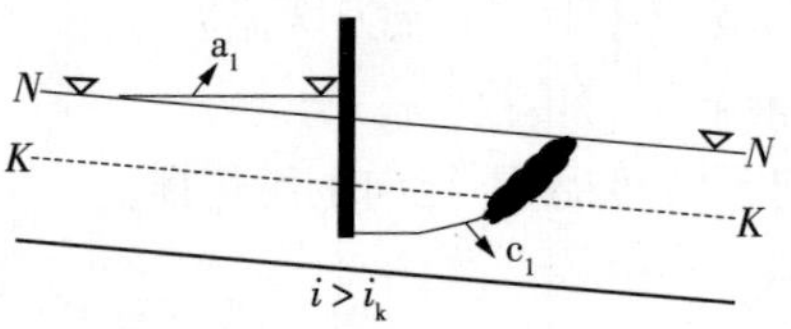

图 5-3

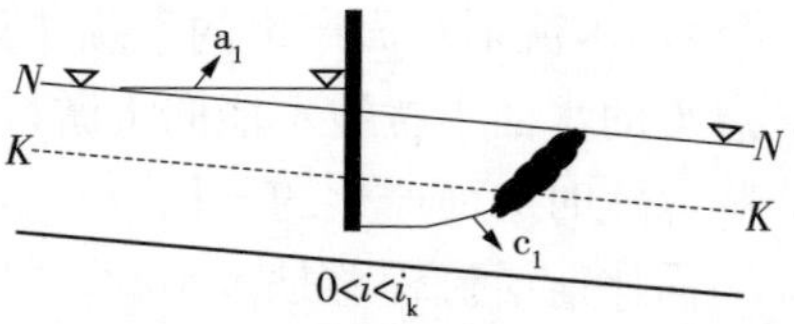

图 5-4

5.3　选择题

1. 发生水跃时水流由（　）。
   A. 缓流过渡到急流　B. 临界流过渡到急流
   C. 急流过渡到急流　D. 急流过渡到缓流
2. 发生水跃时水流由（　）。
   A. 缓流过渡到急流　B. 临界流过渡到急流
   C. 急流过渡到急流　D. 急流过渡到缓流
3. 明渠水流的临界水深取决于（　）。
   A. 流量和底坡　B. 断面形状、尺寸和底坡
   C. 流量和粗糙系数　D. 断面形状、尺寸和流量
4. 渠道中出现 a_1 型水面曲线，则水流为（　）。
   A. 缓流　B. 均匀流　C. 急流　D. 急变流
5. 下面棱柱体渠道恒定非均匀渐变流水面线中哪一种是降水曲线。（　）
   A. c_1　B. a_1　C. b_2　D. a_3
6. 在陡坡上发生均匀流时，正常水深 h_0 和临界水深 h_k 的关系是（　）。
   A. $h_0 > h_k$　B. $h_0 < h_k$　C. $h_0 = h_k$　D. 无法确定

7. 在临界坡上发生明渠均匀流时，正常水深 h_0 和临界水深 h_k 的关系是(　　)。

A. $h_0 > h_k$　　B. $h_0 < h_k$　　C. $h_0 = h_k$　　D. 无法确定

8. 产生水跃时，跌坎处的水深一般认为是(　　)。

A. 正常水深　　B. 临界水深　　C. 实际水深　　D. 任意水深

9. 共轭水深是指(　　)。

A. 水跃的跃前水深与跃后水深　　B. 溢流坝下游水流收缩断面水深

C. 均匀流水深　　D. 临界水深

10. 弗劳德数 Fr 是判别(　　)的无单位数。

A. 急流和缓流　　B. 均匀流和非均匀流

C. 层流和紊流　　D. 恒定流和非恒定流

11. 在缓坡明渠中不可能发生的流动是(　　)。

A. 均匀缓流　　B. 均匀急流　　C. 非均匀缓流　　D. 非均匀急流

12. 图 5-5 中(　　)所示的水流现象是水跃。

A.(a)图　　B.(b)图　　C. 都不是　　D. 都是

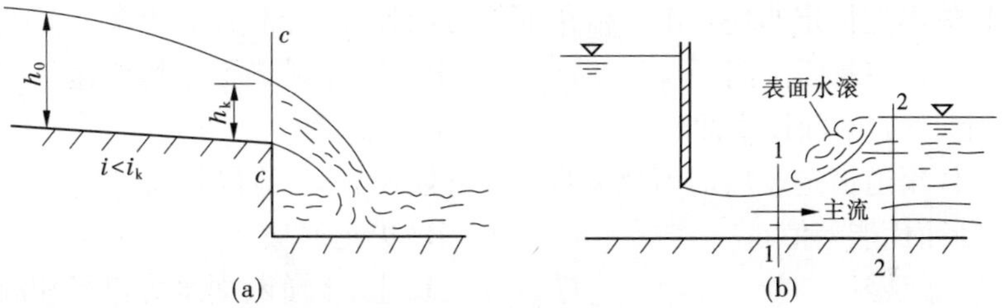

图 5-5

13. 正常水深发生在(　　)上。

A. 平坡　　B. 顺坡　　C. 逆坡　　D. 都可以

14. 长直棱柱体正坡渠道上的水面线类型有(　　)。

A. 12 种　　B. 2 种　　C. 3 种　　D. 8 种

15. 在缓坡上发生均匀流时，正常水深 h_0 和临界水深 h_k 的关系是(　　)。

A. $h_0 > h_k$　　B. $h_0 < h_k$　　C. $h_0 = h_k$　　D. 无法确定

16. 临界水深是(　　)。

A. 均匀流时发生的水深

B. 通过设计流量时的水深

C. 流量和断面形状尺寸一定时，断面比能最大时的相应水深

D. 水流为临界流时的相应水深

17. 棱柱体渠道恒定非均匀渐变流水面线计算方法为(　　)。

A. 分段求和法　　B. 分段求差法　　C. 跳跃式求和法　　D. 都不对

18. 明渠发生缓流时弗劳德数(　　)。

A. $Fr<1$　　B. $Fr>1$　　C. $Fr<0$　　D. $Fr>0$

19. 当渠道断面形状尺寸、粗糙系数和通过的流量均不变时，若底坡改变，则正常水深 h_0和临界水深 h_k的情况是(　　)。

A. h_0不变，h_k变　B. h_0变，h_k不变　C. h_0变，h_k变　D. h_0和 h_k都不变

20. 缓坡上发生均匀流必定是(　　)。

A. 缓流　B. 急流　C. 临界流　D. 不确定

21. a_2 型水面曲线是发生在(　　)。

A. 缓渠道中的缓流　B. 陡坡渠道中的缓流

C. 缓坡渠道中的急流　D. 陡坡渠道中的急流

22. 棱柱形明渠中，当通过的流量一定时，临界水深 h_k值随底坡 i 的增大而(　　)。

A. 增大　B. 减小　C. 不变　D. 不定

23. 用明渠底坡 i 与临界底坡 i_k比较来判别缓流和急流的方法适用于(　　)。

A. 均匀流　B. 渐变流

C. 急变流　D. 均匀流和非均匀流

24. 在充分长的陡坡渠道上，发生急流向缓流的过渡的水流现象是(　　)。

A. 水跃　B. 水跌　C. 临界流　D. 急流

25. 棱柱体渠道恒定非均匀渐变流水面线分段计算时，不需要计算(　　)。

A. 上、下游断面比能　B. 上、下游断面平均流速

C. 上、下游断面过水面积　D. 雷诺数

26. 棱柱体渠道恒定非均匀渐变流水面线分段计算时，流段长度与(　　)无关。

A. 断面比能差值　B. 渠道底坡

C. 黏滞系数　D. 上、下游断面水力半径和湿周

27. 棱柱体渠道恒定非均匀渐变流水面线分段计算时断面比能差值为(　　)。

A. 上游断面比能减去下游断面比能

B. 下游断面比能减去上游断面比能

C. 上游断面比能加下游断面比能

D. 都不对

28. 某矩形断面渠道，水深 $h=1$ m，底宽 $b=2.0$ m，通过的流量 $Q=2.0\ m^3/s$，则弗劳德数 Fr 为(　　)。

A. 0.319　B. 1.2　C. 3　D. 0.319 m

29. 某梯形断面渠道，水深 $h=1$ m，底宽 $b=2$ m，边坡系数 $m=1$，断面平均流速 $v=2$ m/s，则其弗劳德数 Fr 为(　　)。

A. 1.23　B. 0.74　C. 1　D. 0.82

30. 弗劳德数 $Fr>1$，则下列实际水深 h 与临界水深 h_k关系及流态判别哪个正确？(　　)

A. $h>h_k$，急流　B. $h<h_k$，缓流　C. $h=h_k$，临界流　D. $h<h_k$，急流

31. 某矩形断面渠道，底宽 $b=2$ m，水深 $h=1$ m，则该渠道中干扰波波速 v_w为(　　) m/s。

A. 1　B. 2　C. 3.13　D. 2.78

32. 某梯形断面渠道,底宽 $b=2$ m,水深 $h=2$ m,边坡系数 $m=2$,则该渠道中干扰波波速 v_w 为(　　)m/s。

A. 4.43　　B. 3.43　　C. 2.57　　D. 2.46

33. 某渠道断面平均流速 $v=2$ m/s,干扰波波速 $v_w=2.5$ m/s,则该渠道中水流为(　　)。

A. 急流　　B. 临界流　　C. 缓流　　D. 渐变流

34. 某渠道上游过水断面断面比能 $E_{s上}=3.5$ m,下游过水断面断面比能 $E_{s下}=2.5$ m,则两断面断面比能差值 ΔE_s 为(　　)m。

A. 1　　B. 1.5　　C. −1　　D. 3

35. 弗劳德数 $Fr=3.5$,则水流为(　　)。

A. 急流　　B. 缓流　　C. 临界流　　D. 都不是

36. 某矩形断面渠道,弗劳德数 $Fr=1$,水深 $h=9.8$ m,则该渠道中断面平均流速 v 为(　　)m/s。

A. 0.98　　B. 9.8　　C. 19.8　　D. 无法计算

37. 某矩形断面渠道,底宽 $b=4$ m,通过的流量 $Q=6$ m^3/s,则该渠道中临界水深 h_k 为(　　)m。

A. 0.74　　B. 0.61　　C. 1　　D. 1.5

38. 某渠道实际水深 $h=3$ m,临界水深 $h_k=2$ m,则渠道水流为(　　)。

A. 缓流　　B. 临界流　　C. 急流　　D. 不确定

39. 当水流满足(　　)时为急流。

A. 断面平均流速大于干扰波波速　　B. 断面平均流速小于干扰波波速

C. 断面平均流速等于干扰波波速　　D. 不确定

40. 明渠恒定非均匀流中,(　　)可以判别水流是急流还是缓流。

A. 弗劳德数　　B. 雷诺数　　C. 谢才系数　　D. 湿周

41. 某渠道实际底坡 $i=0.000\ 2$,临界底坡 $i_k=0.000\ 35$,则该底坡为(　　)。

A. 陡坡　　B. 缓坡　　C. 临界坡　　D. 不确定

42. 某顺坡渠道正常水深 $h_0=5$ m,临界水深 $h_k=6$ m,则渠道底坡为(　　)。

A. 陡坡　　B. 缓坡　　C. 临界坡　　D. 不确定

43. 水跃发生时可以通过跃前水深计算跃后水深,计算中弗劳德数 Fr 应按(　　)的特征值计算。

A. 跃前断面　　B. 跃后断面　　C. 跃前和跃后断面　　D. 不一定

44. 正常水深线 $N—N$ 高于临界水深线 $K—K$ 的渠道底坡属于(　　)。

A. 缓坡　　B. 陡坡　　C. 逆坡　　D. 平坡

45. 水面线分析中正常水深线 $N—N$ 和临界水深线 $K—K$ 将水流运动空间分成多个区,一般来讲 a 区位于(　　)。

A. $N—N$ 和 $K—K$ 之上　　B. $N—N$ 和 $K—K$ 之间

C. $N—N$ 和 $K—K$ 之下　　D. 不确定

46. 水跌发生时水面线属于(　　)。

A. 降水曲线　　B. 壅水曲线　　C. 水平线　　D. 都不对

47. 图 5-6 为恒定流情况下，长直的棱柱体顺坡渠道绘制的水面线，正确的是(　　)。

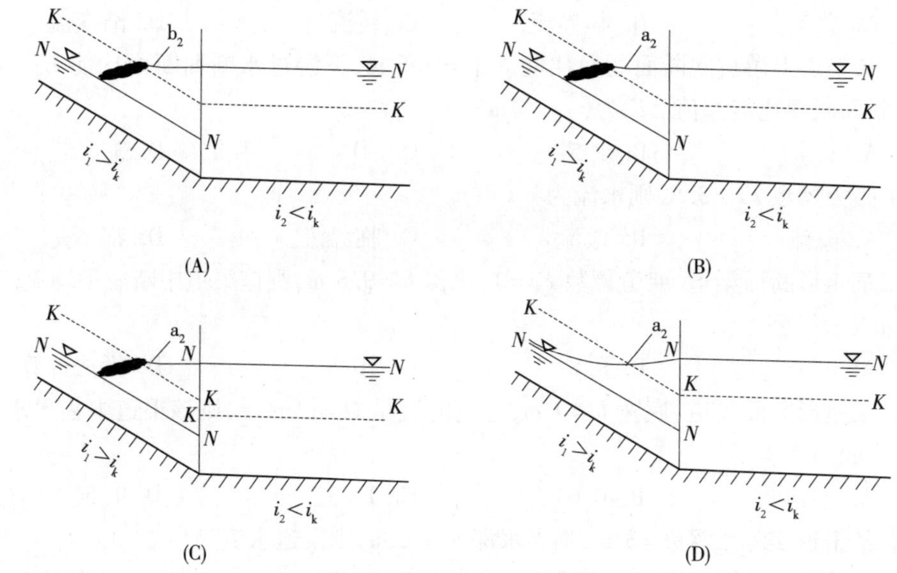

图 5-6

48. 图 5-7 为恒定流情况下，长直的棱柱体顺坡渠道绘制的水面线，正确的是(　　)。

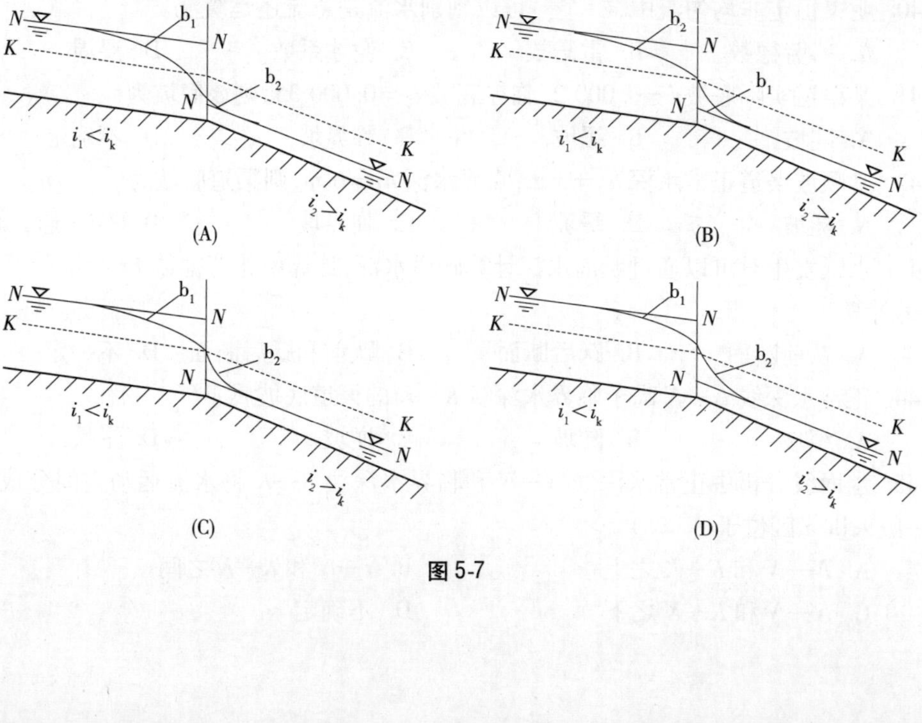

图 5-7

49. 图 5-8 为恒定流情况下，长直的棱柱体顺坡渠道绘制的水面线，正确的是(　　)。

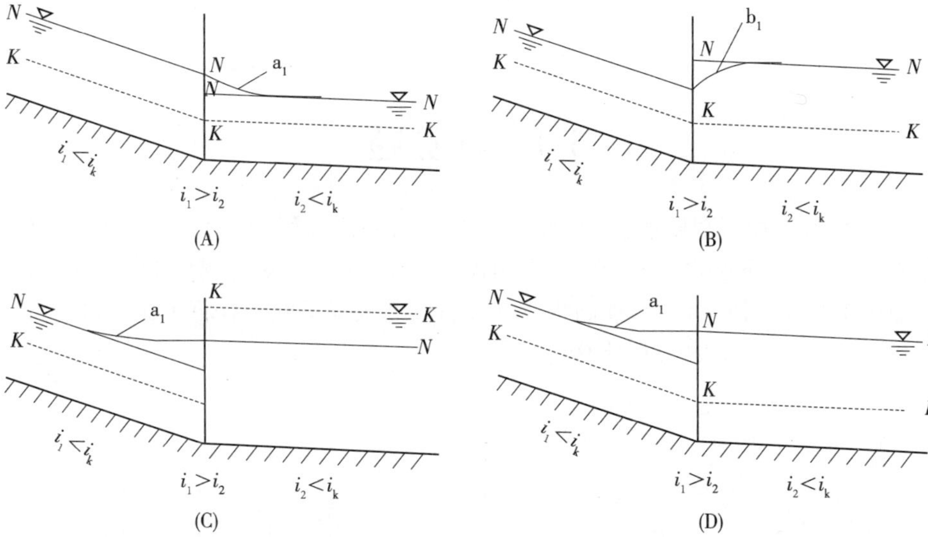

图 5-8

5.4 组合题

一矩形渠道，渠中水深 $h=0.8$ m，渠道底宽 $b=2.0$ m，通过的流量 $Q=2.0\ m^3/s$。判别渠道中水流流态。

(1)渠道弗劳德数 Fr 近似为(　　)。

A. 0.644　　B. 0.446　　C. 1　　D. 1.2

(2)矩形渠道临界水深 h_k 的计算公式为(　　)。

A. $h_k=\sqrt{\frac{\alpha q^3}{g}}$　　B. $h_k=\sqrt[3]{\frac{\alpha q^2}{g}}$　　C. $Q=AC\sqrt{Ri}$　　D. $E_s=h+\frac{\alpha Q^2}{2gA^2}$

(3)本题渠道临界水深 h_k 近似为(　　)。

A. 0.467 m　　B. 0.674 m　　C. 1 m　　D. 1.251 m

(4)本题渠道中水流流态为(　　)。

A. 临界流　　B. 缓流　　C. 急流　　D. 不确定

(5)渠道断面平均流速 v 为(　　)。

A. 1.25 m/s　　B. 1.5 m/s　　C. 2.8 m/s　　D. 1 m/s

6 堰流水力分析与计算

6.1 计算题

1. 某无侧收缩矩形薄壁堰,上游水位为3.1 m,堰顶高程为2.5 m,上游河底高程为2 m,堰宽$b=0.8$ m,下游水位不影响堰顶出流。试求:①画出矩形薄壁堰流纵向示意图,并在示意图上标注上游水位、堰顶高程、河底高程;②根据示意图计算上游堰高P_1和堰上水头H;③计算通过薄壁堰的流量Q。

2. 某WES实用堰与非溢流的混凝土坝相接,共3孔,每孔净宽$b=15$ m,边墩头部为半圆形,闸墩头部为圆弧形,堰顶高程为22 m,上游河底高程与下游河底高程都为10 m,上游设计水位为25.11 m,下游水位为23 m。试求:①画出WES实用堰流纵向示意图,并在示意图上标注上游设计水位、堰顶高程、下游水位和河底高程;②根据示意图计算上游堰高P_1、下游堰高P_2、下游水深h_t、设计堰前水头H_d和设计堰前水深;③计算当堰上水头$H=4$ m时通过溢流堰的流量Q。

3. 某灌溉进水闸为 3 孔,每孔净宽 $b=10$ m,闸墩头部为半圆形,闸墩厚度 $d=3$ m,边墩头部为圆弧形,边墩计算厚度 $\Delta=2$ m,闸前行近流速 $v_0=0.5$ m/s,闸门全开,其他数据如图 6-1 所示。试求:①上游堰高 P_1、堰上水头 H 和堰前水深,并在图上标注;②下游水位为 17.75 m 时流量 Q;③下游水位为 16.70 m 时流量 Q。

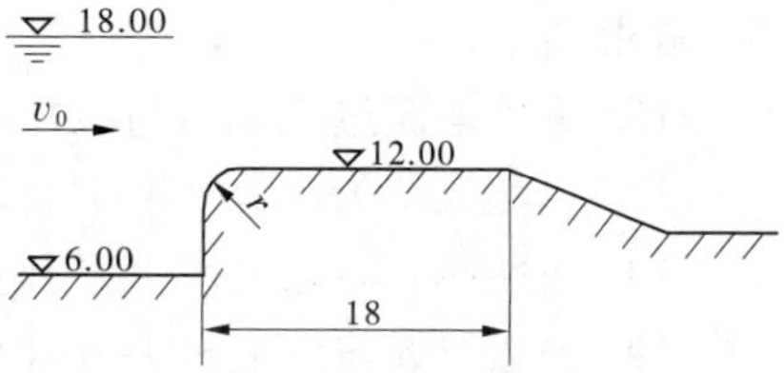

图 6-1

6.2 判断题

1. 当堰上水头及其他条件相同时,实用堰的流量大于宽顶堰的流量。 ( )
2. 薄壁堰的厚度 δ 与堰顶水头 H 之比 $\delta/H<0.67$。 ( )
3. 无侧向收缩与有侧向收缩的实用堰,当水头、堰型及其他条件相同时,后者通过的流量比前者大。 ( )
4. 堰流水面线是不连续的。 ( )
5. 当宽顶堰泄流时,若下游水位低于堰顶,则为自由出流。 ( )
6. 堰是河渠中修建的既可挡水而顶部又可以溢流的水工建筑物。 ( )
7. 堰上水头就是堰前水深。 ( )
8. 堰前行近流速一般比较大,不能忽略不计。 ( )
9. 堰前行近流速忽略不计时,堰上总水头 H_0 小于堰上水头 H。 ( )
10. 堰厚为沿水流方向水流溢过堰顶的厚度,常用 δ 表示。 ( )
11. 堰上水头为堰上总水头与堰前行近流速水头之和,常用 H 表示。 ( )
12. 实用堰流的过流能力与堰上水头无关。 ( )

13. 在其他条件相同情况下，堰淹没出流过流能力小于自由出流过流能力。（　　）

14. 实际堰上水头为距堰壁(3～4)H 过水断面处，实际水位对应下从堰顶起算的水深，常用 H 表示。（　　）

15. 设计堰上水头为距堰壁(3～4)H 过水断面处，设计水位对应下从堰顶起算的水深，常用 H_d 表示。（　　）

16. 宽顶堰流过流能力与堰顶过水净宽有关。（　　）

17. 单宽流量为单位宽度上通过的流量，单位为 $m^3/(s \cdot m)$，常用 q 表示。（　　）

18. 当堰厚 δ 与堰上水头 H 比值 $\delta/H > 0.67$ 时为薄壁堰。（　　）

19. 当堰厚 δ 与堰上水头 H 比值 $\delta/H \leqslant 2.5$ 时为实用堰。（　　）

20. 其他条件相同情况下，实用堰的流量系数小于宽顶堰的流量系数。（　　）

21. 堰的下游水位高于堰顶时一定是淹没出流。（　　）

22. 堰的下游水位低于堰顶时一定是自由出流。（　　）

23. 堰流公式中的流量系数 m 与堰型无关。（　　）

24. 堰顶下泄水流为急变流。（　　）

25. 上游堰高 P_1 是堰顶到上游河底的垂直高度。（　　）

26. 堰顶下泄水流为渐变流。（　　）

27. 在堰流水力计算中主要考虑局部水头损失。（　　）

28. 堰流水面线是连续的。（　　）

29. 堰前行近流速较小时，可以忽略不计。（　　）

30. 堰上水头是堰上游距堰最近的渐变流过水断面的水面到堰顶的高程差。（　　）

31. 堰上水头是上游水面到上游河底的垂直水深。（　　）

6.3　选择题

1. 下列堰的分类中哪个正确？（　　）

A. $\delta/H > 0.67$ 薄壁堰　　B. $0.67 < \delta/H < 10.0$ 宽顶堰

C. $0.67 < \delta/H \leqslant 2.5$ 实用堰　　D. $\delta/H > 2.5$ 薄壁堰

2. 某堰顶厚度 $\delta = 5$ m，堰上水头 $H = 3$ m，则该堰流属于（　　）。

A. 薄壁堰流　　B. 实用堰流　　C. 宽顶堰流　　D. 明渠水流

3. 某闸底坎为宽顶堰，e/H 为闸门相对开启高度，则发生堰流的条件是（　　）。

A. $e/H > 0.65$　　B. $e/H \leqslant 0.65$　　C. $e/H > 0.75$　　D. $e/H \leqslant 0.75$

4. 堰流的流量与堰上总水头的（　　）成正比。

A. 1/2 次方　　B. 3/2 次方　　C. 2 次方　　D. 1 次方

5. 对 WES 曲线型实用堰来说，当实际水头小于设计水头时，实用堰的实际过水能力（　　）设计过水能力。

A. 大于　　B. 等于　　C. 小于　　D. 不一定

6. 当实用堰的堰上水头增大时，其流量系数（　　）。

A. 增大　　B. 减小　　C. 不变　　D. 不定

7. 当实用堰水头 H 大于其设计水头 H_d 时，其流量系数 m 与设计流量系数 m_d 的关系是( )。

A. $m > m_d$ B. $m = m_d$ C. $m < m_d$ D. 无法确定

8. 宽顶堰流量系数 m 的最大值为( )。

A. 0.30 B. 0.385 C. 0.502 D. 0.75

9. 某宽顶堰流下游水面高出堰顶的高度为 h_s，堰前总水头为 H_0，则其淹没条件是( )。

A. $h_s/H_0 > 0.8$ B. $h_s/H_0 < 0.8$ C. $h_s/H_0 = 0$ D. 都不对

10. 某 WES 曲线型实用堰，上游面垂直，当实际水头 H 大于设计水头 H_d 时，实用堰的流量系数 m 可能是( )。

A. 0.502 B. 0.49 C. 0.500 D. 0.506

11. 图 6-2 所示水流中( )是堰流。

A. (a)图 B. (b)图 C. (c)图 D. 都不是

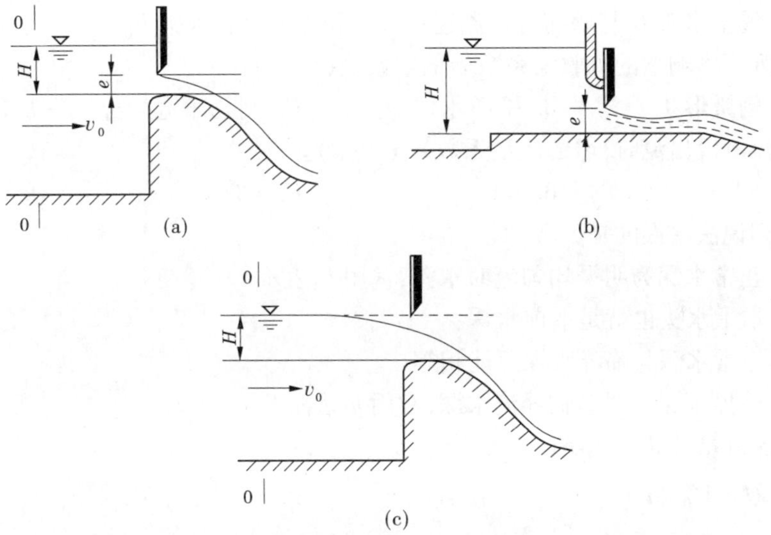

图 6-2

12. 当堰流为自由出流时，堰流公式 $Q = \sigma_s \varepsilon m B\sqrt{2g}H_0^{\frac{3}{2}}$ 中，淹没系数 σ_s 正确的是( )。

A. $\sigma_s = 1$ B. $\sigma_s = 0$ C. $\sigma_s < 1$ D. $\sigma_s > 1$

13. 堰流公式 $Q = \sigma_s \varepsilon m B\sqrt{2g}H_0^{\frac{3}{2}}$ 中，B 是( )。

A. 堰顶总宽 B. 堰顶过水净宽 C. 堰厚 D. 堰长

14. 某种堰流，其泄流时水流受到堰顶的约束和顶托，但主要是重力作用，水流是单一降落的曲线，这种堰流为( )。

A. 薄壁堰流 B. 实用堰流 C. 宽顶堰流 D. 明渠堰流

15. 某种堰流，其泄流时水流受到堰顶的顶托作用和重力作用泄流，水面线与堰顶近似平行，水面不再是单一降落的曲线，这种水流为( )。

A. 薄壁堰流　B. 实用堰流　C. 宽顶堰流　D. 明渠堰流

16. 下列关于堰流的说法正确的是(　　)。

A. 其他条件相同情况下堰流的自由出流过流能力大于淹没出流过流能力

B. 其他条件相同情况下堰流的自由出流过流能力小于淹没出流过流能力

C. 堰的下游水位高于堰顶时一定是淹没出流

D. 堰的下游水位低于堰顶时一定是自由出流

17. 下列关于堰流流量系数说法错误的是(　　)。

A. 流量系数与堰型有关　B. 流量系数与堰上水头 H 有关

C. 流量系数与上游堰高有关　D. 流量系数与下游水位有关

18. 关于堰上水头说法正确的是(　　)。

A. 堰上设计水头 H_d 就是堰上水头 H

B. 堰上水头就是堰前水深

C. 堰上总水头 H_0 与堰前行近流速水头之和为堰上水头 H

D. 堰上水头 H 与堰前行近流速水头之和为堰上总水头 H_0

19. 下列不影响堰的侧收缩系数 ε 的因素是(　　)。

A. 闸墩形状　B. 下游水位　C. 闸孔净宽　D. 闸门孔数

20. 堰流淹没出流时，堰的淹没系数 σ_s (　　)。

A. >1　B. $=1$　C. <1　D. 不能确定

21. 下列说法错误的是(　　)。

A. 正常水深为明渠均匀流时水深，常用 h_0 表示

B. 堰上水头也就是堰前水深

C. 正常水深与临界水深可能相等

D. 临界水深为明渠临界流水深，常用 h_k 表示

22. 堰流流量计算公式是(　　)。

A. $Q = AC\sqrt{Ri}$　B. $Q = \sigma_s \mu_0 Be\sqrt{2gH_0}$

C. $Q = \mu_c A\sqrt{2gH_0}$　D. $Q = \sigma_s \varepsilon mB\sqrt{2g}H_0^{\frac{3}{2}}$

23. 某进水闸底坎为圆角进口的宽顶堰，共 10 孔，每孔净宽 $b = 8$ m，闸门全开时，堰上总水头 $H_0 = 3.5$ m，堰流流量系数 $m = 0.377$，侧收缩系数 $\varepsilon = 0.961$，下游为自由出流，则过堰流量 Q 为(　　) m^3/s。

A. 840.2　B. 8.402　C. 84.02　D. 8 402

24. 某水利枢纽的溢流堰采用 WES 剖面型实用堰，共 16 孔，每孔净宽 $b = 15$ m，堰上水头 $H = 15$ m，侧收缩系数 $\varepsilon = 0.907$，流量系数 $m = 0.502$，堰下游为自由出流，不计行近流速($v_0 = 0$)，则过堰流量 Q 为(　　) m^3/s。

A. 38 105　B. 28 105　C. 27 105　D. 12 815

25. 有两个 WES 实用堰均为高堰，实际水头分别为 H_1、H_2，且 H_1 大于 H_2，则它们的流量系数 m_1 和 m_2 的关系是(　　)。

A. $m_1 > m_2$　B. $m_1 < m_2$　C. $m_1 = m_2$　D. 无法确定

6.4 组合题

一渠首引水闸,底坎堰顶头部采用直角形的宽顶堰,堰高 $P_1=1.0$ m,引水闸宽度和上下游引水渠等宽,均为 4.0 m,闸前设计水位为 252.60 m,堰顶高程为 250.6 m,下游水深很小,宽顶堰下游为自由出流,且引水闸闸前行近流速水头忽略不计。试求:闸门全开时,通过的流量 Q。

(1)本题基本计算公式为(　　)。

A. $Q=\sigma_s\mu_0 nbe\sqrt{2gH_0}$　　B. $Q=\mu_0 nbe\sqrt{2gH_0}$

C. $Q=mnb\sqrt{2g}H_0^{\frac{3}{2}}$　　D. $Q=\sigma_s\varepsilon mB\sqrt{2g}H_0^{\frac{3}{2}}$

(2)宽顶堰堰上水头为(　　)。

A. 2.5 m　　B. 0.25 m　　C. 1.25 m　　D. 2 m

(3)堰顶进口直角形的宽顶堰流量系数计算公式为 $m=0.32+0.01\dfrac{3-\dfrac{P_1}{H}}{0.46+0.75\dfrac{P_1}{H}}$,计算得本题流量系数的值为(　　)。

A. 0.502　　B. 0.386　　C. 0.326　　D. 0.350

(4)本题淹没系数值为(　　)。

A. 0.38　　B. 1.0　　C. 0.502　　D. 1.85

(5)此渠道通过的流量 Q 近似为(　　)。

A. 16.57 m^3/s　　B. 6.57 m^3/s　　C. 17.53 m^3/s　　D. 13.48 m^3/s

7 闸孔出流水力分析与计算

7.1 计算题

1. 某矩形断面渠道上建一平底坎引水闸，共 2 孔，每孔净宽 $b=5$ m，采用平板闸门，闸前水位为 58. 72 m，上下游河底高程和闸底坎高程均为 50. 72 m，若 2 孔闸门同时开启，闸门底缘高程均为 52. 72 m。闸前行近流速不计，闸下游水位有两种情况 54. 22 m 和 56. 22 m，试：①绘制闸下游水位为 54. 22 m 时的闸孔出流纵向示意图并标出上下游水位、底坎高程和闸门底缘高程；②根据示意图计算闸前水头 H、闸门开启高度 e 和下游水深 h_t；③计算闸下游水位分别为 54. 22 m、56. 22 m 时的闸孔泄流量 Q。

2. 某 3 孔平底弧形闸门，每孔净宽 $b=10$ m，闸门圆弧半径 $R=7.5$ m，门轴高程为 38 m，上下游河底高程和闸底坎高程均为 33 m，若 3 孔闸门同时开启，闸门底缘高程均为 35 m，上游水位为 38 m，下游水位为 37 m，不计闸前行近流速。试：①绘制闸孔出流纵向示意图并标出上下游水位、底坎高程、闸门底缘高程、圆弧半径和门轴高程；②根据示意图计算闸前水头 H、闸门开启高度 e 和下游水深 h_t；③计算通过闸孔的流量 Q。

7.2 判断题

1. 闸孔出流属于急变流。 ( )
2. 闸后发生淹没水跃,则闸孔出流一定是淹没出流。 ( )
3. 闸孔出流流量公式中,没有侧向收缩系数。 ( )
4. 闸门相对开启度 e/H 越大,越有可能是闸孔出流。 ( )
5. 闸孔出流流量公式 $Q=\sigma_s\mu_0 nbe\sqrt{2gH_0}$ 不适用于弧形闸门闸孔出流。 ( )
6. 闸孔出流流量公式 $Q=\sigma_s\mu_0 nbe\sqrt{2gH_0}$ 不适用于平板闸门闸孔出流。 ( )
7. 闸孔出流流量公式 $Q=\sigma_s\mu_0 nbe\sqrt{2gH_0}$ 是根据能量方程推导得出的。 ( )
8. 如果闸后发生临界式水跃,则闸孔出流一定是自由出流。 ( )
9. 如果闸后发生远离式水跃,则闸孔出流一定是自由出流。 ( )
10. 如果水跃跃前断面发生在闸后收缩断面处,则为临界式水跃。 ( )
11. 如果水跃跃前断面发生在闸后收缩断面下游,则为淹没式水跃。 ( )
12. 如果水跃跃前断面发生在闸后收缩断面上游,则为远驱式水跃。 ( )
13. 淹没系数等于自由出流流量与淹没出流流量的比值。 ( )
14. 淹没出流流量等于自由出流流量乘以淹没系数。 ( )
15. 堰流和闸孔出流均为急变流。 ( )
16. 闸孔出流的水头损失主要为局部水头损失。 ( )
17. 闸孔下游发生急流,闸孔出流一定是自由出流。 ( )
18. 在其他条件不变的情况下,自由出流的流量一定大于淹没出流的流量。 ( )

7.3 选择题

1. 闸门相对开启高度 e/H 中,H 称为( )。
   A. 闸前作用全水头 B. 闸门的开启高度 C. 闸门的宽度 D. 闸前作用水头
2. 闸门相对开启高度 e/H 中,e 为( )。
   A. 闸前作用全水头 B. 闸门的开启高度 C. 闸门的宽度 D. 闸前作用水头
3. 闸门相对开启高度 e/H 越小,越可能是( )。
   A. 闸孔出流 B. 堰流 C. 平板闸孔出流 D. 弧形闸孔出流
4. 在底坎为宽顶堰的情况下,闸门相对开启高度( )时为闸孔出流。
   A. $e/H\leqslant0.65$ B. $e/H\leqslant0.67$ C. $e/H\leqslant0.75$ D. $e/H\leqslant2.5$
5. 在底坎为宽顶堰的情况下,发生闸孔出流的条件是( )。
   A. $e/H>0.65$ B. $e/H\leqslant0.65$ C. $e/H>0.75$ D. $e/H\leqslant0.75$
6. 在底坎为曲线型堰的情况下,发生闸孔出流的条件是( )。
   A. $e/H>0.65$ B. $e/H\leqslant0.65$ C. $e/H>0.75$ D. $e/H\leqslant0.75$

7. 依据(　　)可以判别堰流与闸孔出流。

A. δ/H　　B. e/H　　C. B/H　　D. h_t/H

8. 闸孔自由出流的流量公式为(　　)。

A. $Q=\mu_0 ne\sqrt{2gH_0}$　　B. $Q=\mu_0 nbe\sqrt{2g}H_0^{\frac{3}{2}}$

C. $Q=\mu_0 nbe\sqrt{2gH_0}$　　D. $Q=\mu_0 nb\sqrt{2gH_0}$

9. 闸孔出流的流量公式为(　　)。

A. $Q=\sigma_s Be\sqrt{2gH_0}$　　B. $Q=\mu_0 Be\sqrt{2gH_0}$

C. $Q=\sigma_s \varepsilon\mu_0 B\sqrt{2gH_0}$　　D. $Q=\sigma_s\mu_0 nbe\sqrt{2gH_0}$

10. 闸孔出流的流量与闸前总水头的(　　)成正比。

A. 1 次方　　B. 2 次方　　C. 1/2 次方　　D. 都不对

11. 闸孔出流发生淹没出流的条件是闸后发生(　　)。

A. 临界式水跃　　B. 远离式水跃　　C. 淹没式水跃　D. 自由水跃

12. 闸后发生水跃,如果跃前断面位于收缩断面,则该水跃称为(　　)。

A. 临界式水跃　　B. 远离式水跃　　C. 淹没式水跃　D. 自由水跃

13. 闸后发生水跃,如果跃前断面位于收缩断面下游,则该水跃称为(　　)。

A. 临界式水跃　　B. 远离式水跃　　C. 淹没式水跃　D. 自由水跃

14. 闸后发生水跃,如果水跃把闸后收缩断面淹没,则该水跃称为(　　)。

A. 临界式水跃　　B. 远离式水跃　　C. 淹没式水跃　D. 自由水跃

15. 在闸孔出流情况下,闸前水面到闸底坎顶部的距离一般称为(　　)。

A. 闸门开启高度　　B. 闸前作用水头　　C. 收缩断面水深D. 下游水深

16. 在闸孔出流情况下,闸门底部到闸底坎顶部的距离一般称为(　　)。

A. 闸门开启高度　　B. 闸前作用水头　　C. 收缩断面水深D. 下游水深

17. 在闸孔出流为自由出流情况下,淹没系数 σ_s(　　)。

A. $\sigma_s>1$　　B. $\sigma_s<1$　　C. $\sigma_s=1$　　D. $\sigma_s\geqslant 1$

18. 在闸孔出流为淹没出流情况下,淹没系数 σ_s(　　)。

A. $\sigma_s>1$　　B. $\sigma_s<1$　　C. $\sigma_s=1$　　D. $\sigma_s\geqslant 1$

19. 在闸孔出流情况下,淹没系数 σ_s 的数值范围为(　　)。

A. $\sigma_s<1$　　B. $\sigma_s\leqslant 1$　　C. $\sigma_s\geqslant 1$　　D. $\sigma_s>1$

20. 闸孔出流公式 $Q=\sigma_s\mu_0 nbe\sqrt{2gH_0}$ 中,μ_0 称为(　　)。

A. 闸前作用总水头　　B. 闸门的开启高度

C. 闸门的宽度　　D. 闸孔出流的流量系数

21. 闸孔出流公式 $Q=\sigma_s\mu_0 nbe\sqrt{2gH_0}$ 中,b 称为(　　)。

A. 闸前作用总水头　　B. 闸门的开启高度

C. 闸孔的单孔宽度　　D. 闸孔出流流量系数

22. 闸孔出流公式 $Q=\sigma_s\mu_0 nbe\sqrt{2gH_0}$ 中,σ_s 称为(　　)。

A. 闸前作用总水头　　B. 闸门的开启高度

C. 淹没系数　　D. 闸孔出流流量系数

23. 闸孔出流公式 $Q=\sigma_s\mu_0 nbe\sqrt{2gH_0}$ 中，e 称为(　　)。

A. 闸前作用总水头　　B. 闸门的开启高度

C. 淹没系数　　D. 闸孔出流流量系数

24. 闸孔出流公式 $Q=\sigma_s\mu_0 nbe\sqrt{2gH_0}$ 中，H_0 称为(　　)。

A. 闸前作用总水头　　B. 闸门的开启高度

C. 淹没系数　　D. 闸孔出流流量系数

25. 闸孔出流为自由出流，已知闸孔出流的流量系数 $\mu_0=0.9$，闸门开启高度 $e=1$ m，闸前作用总水头 $H_0=4$ m，则闸孔出流的单宽流量 q 为(　　)$m^3/(s\cdot m)$。

A. 5.37　　B. 7.35　　C. 7.97　　D. 10.22

26. 闸孔出流，闸前河底高程为 60 m，闸底板高程为 71 m，闸门底缘高程为 75 m，则闸门开启高度 e 为(　　)。

A. 1 m　　B. 2 m　　C. 3 m　　D. 4 m

27. 闸孔出流的流量系数 $\mu_0=0.9$，淹没系数 $\sigma_s=0.7$，孔数 $n=3$，单孔净宽 $b=2$ m，闸门开启高度 $e=1$ m，闸前作用总水头 $H_0=4$ m，则闸孔出流流量 Q 为(　　)m^3/s。

A. 33.47　　B. 47.81　　C. 66.47　　D. 88.81

28. 闸孔出流，闸底板高程为 70 m，闸前河底高程为 65 m，闸前水位高程为 80 m，则闸前作用水头 H 为(　　)m。

A. 5　　B. 18　　C. 10　　D. 21

29. 闸前作用水头 $H=3$ m，忽略闸前行近流速水头，则闸前作用总水头 H_0 为(　　)m。

A. 3　　B. 3.3　　C. 2.7　　D. 30

7.4　组合题

某水闸底坎与渠底齐平，闸底板高程为 104.00 m，共 3 孔，每孔宽 $b=5$ m，闸前水位 109.00 m，见图 7-1。闸门开启度 $e=1.0$ m，不计闸前行近流速，下游水深较小，为自由出流，流量系数为 0.596。试求泄流量 Q。

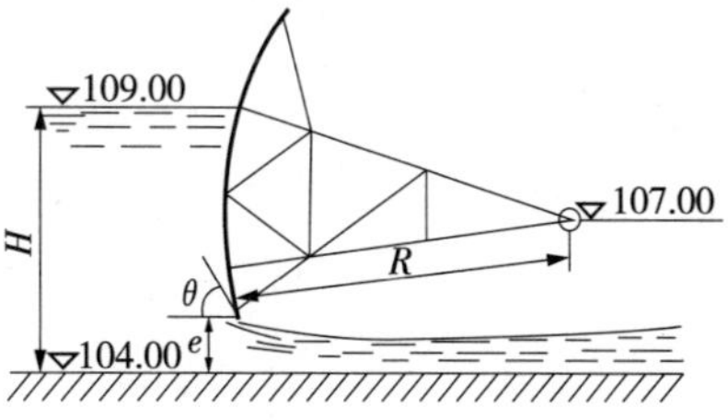

图 7-1

(1)本题闸门相对开启高度 e/H 为(　　)。

A. 0.25　　B. 0.2

C. 0.4　　D. 0.3

(2)本题出流情况为(　　)。

A. 闸孔出流　　B. 堰流　　C. 管流　　D. 无法确定

(3)本题基本计算公式为(　　)。

A. $Q=\sigma_s\varepsilon mB\sqrt{2g}H_0^{\frac{3}{2}}$　　B. $Q=\mu nbe\sqrt{2g(H_0-h_c)}$

C. $Q=\sigma_s \mu_0 nbe\sqrt{2gH_0}$　　D. $Q=m_0 B\sqrt{2g}H_0^{\frac{3}{2}}$

(4)本题淹没系数为(　)。

A. 0. 58　　B. 1. 08　　C. 0. 48　　D. 1. 0

(5)本题的泄流量 Q 近似为(　　)。

A. 58. 33 m^3/s　　B. 88. 50 m^3/s　　C. 70. 69 m^3/s　　D. 85. 80 m^3/s

8 泄水建筑物下游消能水力分析与计算

8.1 计算题

1. 在河道上建一无侧收缩曲线型实用堰，堰高 $P_1 = P_2 = 10$ m，当单宽流量 $q = 8$ $m^3/(s \cdot m)$时，堰上总水头 $H_0 = 2.53$ m，流速系数 $\varphi = 0.95$，试分析判别：①下游水深 $h_t = 5$ m时水流的衔接形式；②下游水深 $h_t = 3.5$ m 时水流的衔接形式。

2. 拟建一无侧收缩溢流堰，堰高 $P_1 = P_2 = 9$ m，当通过单宽流量 $q = 8.27$ $m^3/(s \cdot m)$时，堰上总水头 $H_0 = 2.44$ m，流速系数 $\varphi = 0.95$，下游河道水深 $h_t = 3.5$ m，试求：①判断溢流堰出流与下游水流的衔接形式；②若采用挖深式消力池，设计消力池的池深和池长。

3. 某溢洪道矩形陡槽,上游水位 156 m,由水面曲线分析计算陡槽末端单宽流量 $q=16\ m^3/(s\cdot m)$,今在陡槽末端设计一挑流鼻坎,挑射角 $\theta=30°$,其他数据如图 8-1 所示,流速系数 $\varphi=0.95$,鼻坎下游岩石破碎且松散(冲刷系数 $k=1.5$),试求:①冲刷坑深度 t_s;②挑流射程 L;③检查冲刷坑的安全性。

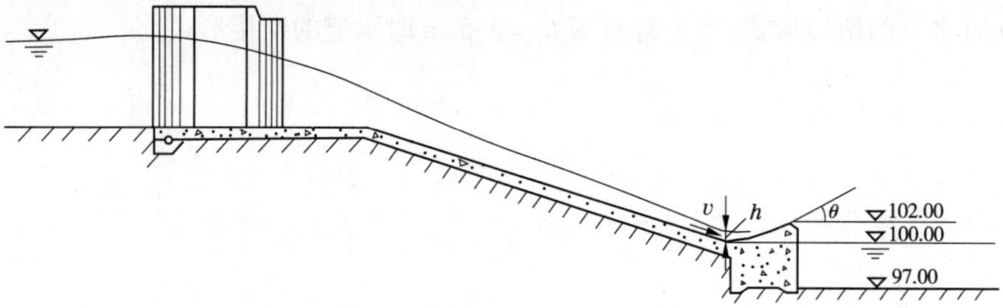

图 8-1

8.2 判断题

1. 底流式衔接消能是利用水跃消能。 (　　)
2. 采用挖深式消力池,建池前后收缩断面水深不同。 (　　)
3. 泄水建筑物下游建消力池目的就是在泄水建筑物下游形成水跃。 (　　)
4. 挑流消能水力计算任务是确定池深和池长。 (　　)
5. 挖深式消力池水力计算任务是确定池深、池长和坎高。 (　　)
6. 确定消力池深度的设计流量不一定是泄水建筑物通过的最大流量。 (　　)

7. 确定消力池长度的设计流量应为泄水建筑物通过的最大流量。 ( )

8. 消力池深度越深越好,消力池长度越短越好。 ( )

9. 判断泄水建筑物下游水流衔接形式,需要先用迭代法计算建筑物下游收缩断面处水深 h_c,判断是否发生水跃,然后计算 h_c 对应的跃后水深 h''_c,通过比较 h''_c 和下游水深 h_t 之间的大小来判别水跃形式,从而确定是否需要修建消力池。 ( )

10. 挑流式衔接消能的挑角越大,挑流射程越大。 ( )

11. 水下射程与冲刷坑深度无关。 ( )

12. 冲刷坑深度大小与下游水深无关。 ( )

13. 消力池池深的设计流量与池长的设计流量不一定是同一个流量。 ( )

14. 底流式消能是利用远离式水跃消能。 ( )

15. 底流式消能主流在底部。 ( )

16. 挖深式消力池建消力池前后建筑物下游收缩断面水深 h_c 是不变的。 ( )

17. 泄流建筑物下游往往动能大,位能小。 ( )

18. 泄流建筑物下游常见的消能形式有底流式衔接消能、面流式衔接消能和挑流式衔接消能。 ( )

19. 当平原河流水闸下游发生远离式水跃时,下游需要建消力池消能。 ( )

20. 面流式衔接消能是靠水跌消能。 ( )

21. 挑流式衔接消能常用在上下游水位落差较大的山区性河流。 ( )

22. 底流式衔接消能是利用水跃消能,水跃的跃前水深大于跃后水深。 ( )

23. 判断泄水建筑物下游水流衔接形式,不需要先计算建筑物下游收缩断面水深 h_c,即可判断是否发生水跃。 ( )

24. 判断泄水建筑物下游水流衔接形式时,需要计算收缩断面处水深 h_c,h_c 越大,则越需建消力池。 ( )

25. 判断泄水建筑物下游是否建消力池与下游水深 h_t 有直接关系。 ( )

26. 泄流建筑物下游修建消力池时需要计算池长。 ( )

27. 泄流建筑物下游修建挖深式消力池时往往用试算法计算池深。 ( )

28. 挑流式衔接与消能在泄流建筑物末端需要建挑流鼻坎。 ( )

29. 挑流式衔接与消能在泄流建筑物下游形成的冲刷坑深度与下游河床地质条件无关。 ( )

8.3 选择题

1. 溢流坝下泄水流由急流到缓流发生水跃,若收缩断面水深 h_c 的跃后水深为 h''_c,下游水深为 h_t,形成远离式水跃衔接的条件是( )。

A. $h_t = h''_c$ B. $h_t > h''_c$ C. $h_t < h''_c$ D. 无法确定

2. 底流式消能是利用( )消能。

A. 临界式水跃 B. 远离式水跃

C. 淹没式水跃　　D. 稍有淹没的淹没水跃

3. 关于泄水建筑物下游水流特征,下列说法错误的是(　　)。

A. 单宽流量大　B. 动能很大　C. 位能很大　D. 能量较为集中

4. 关于泄水建筑物下游消能说法正确的是(　　)。

A. 底流式衔接与消能是通过工程措施,使建筑物下游形成临界式水跃消能

B. 挑流式衔接与消能是利用远离式水跃消能

C. 面流式衔接与消能是将下泄主流导至下游水流表层消能

D. 以上都对

5. 某溢流堰下游采用挑流消能,下列关于其冲刷坑深度说法错误的是(　　)。

A. 冲刷坑深度与下游河床单宽流量有关

B. 冲刷坑深度与溢流堰上下游水位差有关

C. 冲刷坑深度与下游河床岩石性质有关

D. 冲刷坑深度与下游水深无关

6. 关于底流式衔接与消能,下列说法不正确的是(　　)。

A. 底流式衔接与消能是借助于一定工程措施控制水跃位置,通过形成一定形式水跃消除余能

B. 底流式衔接与消能的高流速主流在底部,故为底流式衔接与消能

C. 泄水建筑物下游均采用底流式衔接与消能形式

D. 平原河流水闸下游常采用底流式衔接与消能形式

7. 关于挑流式衔接与消能,下列说法不正确的是(　　)。

A. 挑流式衔接与消能是在建筑物下游端建一挑坎,将高速水流挑入空中,然后降落在远离建筑物的下游消能

B. 挑流式衔接与消能下泄水流的余能一部分在空中消散,大部分在下游河道中消除

C. 高水头泄水建筑物下游可采用挑流式衔接与消能形式

D. 以上都不对

8. 关于面流式衔接与消能,下列说法不正确的是(　　)。

A. 面流式衔接与消能是将高速水流导向下游水流上层,通过水舌扩散,流速分布调整及主流底流相互作用消能的

B. 面流式衔接与消能适用于下游水深较大而且比较稳定的河段

C. 面流式衔接与消能高流速主流位于底层

D. 面流式衔接与消能对下游河床防冲要求较低

9. 泄水闸下泄水流由急流到缓流发生水跃,若收缩断面水深 h_c 的跃后水深为 h_c'',下游水深为 h_t,当 $h_t > h_c''$ 时形成(　　)水跃形式。

A. 临界式　B. 远离式　C. 淹没式　D. 无法确定

10. 泄水闸下游需建消力池,下列说法正确的是(　　)。

A. 消力池中水跃形式与消力池深度有关

B. 消力池中水跃形式与消力池深度无关

C. 消力池长度与形成水跃长度无关

D. 消力池深度、长度的设计流量为建筑物通过的最大流量

11. 关于挑流消能射程说法正确的是(　　)。

A. 挑流消能射程指的是空中射程

B. 挑流射程是指挑流鼻坎下游壁面至冲刷坑最深点的水平距离

C. 挑流消能射程与鼻坎的挑角无关

D. 挑流消能射程是指的水下射程

12. 下面哪个不是挑流消能的水力计算主要内容。(　　)

A. 空中射程　　B. 冲刷坑深度　　C. 收缩断面水深　　D. 水下射程

13. 溢流坝下泄水流由急流到缓流发生水跃,若收缩断面水深 h_c 的跃后水深为 h_c'',下游水深为 h_t,形成淹没式水跃衔接的条件是(　　)。

A. $h_t = h_c''$　　B. $h_t > h_c''$　　C. $h_t < h_c''$　　D. 无法确定

14. 下列说法错误的是(　　)。

A. 底流消能主流在底部

B. 面流消能主流在水流表层

C. 挑流消能水流是在空中消除余能的

D. 挑流消能包括空中消能和水下消能

15. 下列说法正确的是(　　)。

A. 挖深式消力池水力计算主要内容为池深和池长

B. 消力坎式消力池水力计算主要内容为池深和坎高

C. 挑流消能水力计算主要内容为空中射程和水下射程

D. 以上说法都错

16. 下列说法错误的是(　　)。

A. 确定消力池池深常用试算法

B. 消力池是底流衔接与消能采取的工程措施

C. 消力池长度即为水跃长度

D. 挖深式消力池需要计算池深和池长

17. 泄水建筑物下游发生水跃的条件是(　　)。

A. 泄水建筑物下游收缩断面水深 h_c 大于下游水深 h_t

B. 泄水建筑物下游收缩断面水深 h_c 小于临界水深 h_k,下游水深 h_t 大于临界水深 h_k

C. 泄水建筑物下游收缩断面水深 h_c 大于临界水深 h_k,下游水深 h_t 小于临界水深 h_k

D. 泄水建筑物下游收缩断面水深 h_c 等于临界水深 h_k,下游水深大于临界水深 h_k

18. 在挖深式消力池深度 d 的计算中,为使水流在消力池内产生稍有淹没的淹没式水跃,则消力池中水跃淹没系数 σ_j 的取值范围为(　　)。

A. 1.05 ~ 1.10　　B. 1.05 ~ 1.20　　C. 1.01 ~ 1.10　　D. 1.01 ~ 1.02

19. 在挑流式消能计算中，t_s为冲刷坑深度，L_0为空中射程，L_1为水下射程，则挑坎末端至冲刷坑最深点的平均坡度 i 的计算公式为(　　)。

A. $t_s/(L_0+L_1)$　　B. t_s/L_0　　C. t_s/L_1　　D. 以上都不对

20. 在挑流式消能计算中，i 为挑坎末端至冲刷坑最深点的平均坡度，i_c为许可的最大临界坡，当(　　)时认为冲刷坑不会危及坝身的安全。

A. $i>i_c$　　B. $i=i_c$　　C. $i<i_c$　　D. 都不对

21. 在挑流式消能计算中，挑流总射程 L 等于(　　)。

A. 空中射程　　B. 水下射程

C. 空中射程加上水下射程　　D. 空中射程减去水下射程

9 项目实训

9.1 段村水利枢纽水力计算基本资料

段村水利枢纽工程位于颍河上游登封县境内,控制流域面积 94.1 km^2。根据水能计算,该枢纽死水位 348 m,最高兴利水位 360.52 m。设计洪水位按 50 年一遇,为 363.62 m,溢洪道泄洪量 540 m^3/s,泄洪洞泄洪量 90 m^3/s,校核洪水位按 500 年一遇,为 364.81 m,溢洪道泄洪量 800 m^3/s,泄洪洞泄洪量 110 m^3/s。根据地形条件、地质条件和水力条件初步拟定。

9.1.1 溢洪道

溢洪道由 6 段组成,均混凝土衬砌,如图 9-1 所示。

(1)引渠段。长 120 m,底坡 $i=0$,边坡 1∶1.5,混凝土衬砌。

(2)控制段。采用平底坎宽顶堰,过水宽 60 m,顺水流长度 20 m。

(3)渐变段。断面为矩形,长 60 m,底坡 1∶50。

(4)第Ⅰ陡槽段。断面为矩形,底宽 40 m,长 596 m,底坡 1∶200。

(5)第Ⅱ陡槽段。断面形状及尺寸同第Ⅰ陡槽段,长 40 m,底坡 1∶8。

(6)挑流消能段。下泄设计洪水时,挑坎下游尾水渠水位 350.64 m,下游河底高程 347.2 m。

9.1.2 泄洪洞

泄洪洞由 10 段组成,均混凝土衬砌,如图 9-2 所示。

(1)进口段。采用底部高程 342 m,长 10 m。

(2)闸室段。横断面为 4 m×4 m 的矩形断面,长 6 m。

(3)第一渐变段。横断面由 4 m×4 m 的矩形断面渐变为直径为 3.5 m 的圆形断面,长 10 m。

(4)洞身段。横断面是直径为 3.5 m 的圆形断面,长 170 m。

(5)第二渐变段。横断面由直径 3.5 m 的圆形断面渐变为 3.2 m×3.2 m 的矩形断面,长 10 m。

(6)洞后闸室段。底部高程 341 m,长 12 m。

(7)平坡段。底宽 3.2 m,长 7 m。

(8)扩散斜坡段。扩散角 15°,底坡 1∶5。

(9)消能段及扭曲段。$\varphi=0.9$。

(10)尾水渠。底部高程 337 m,底坡 $i=0.001$,底宽 14 m,边坡系数 $m=1.5$。

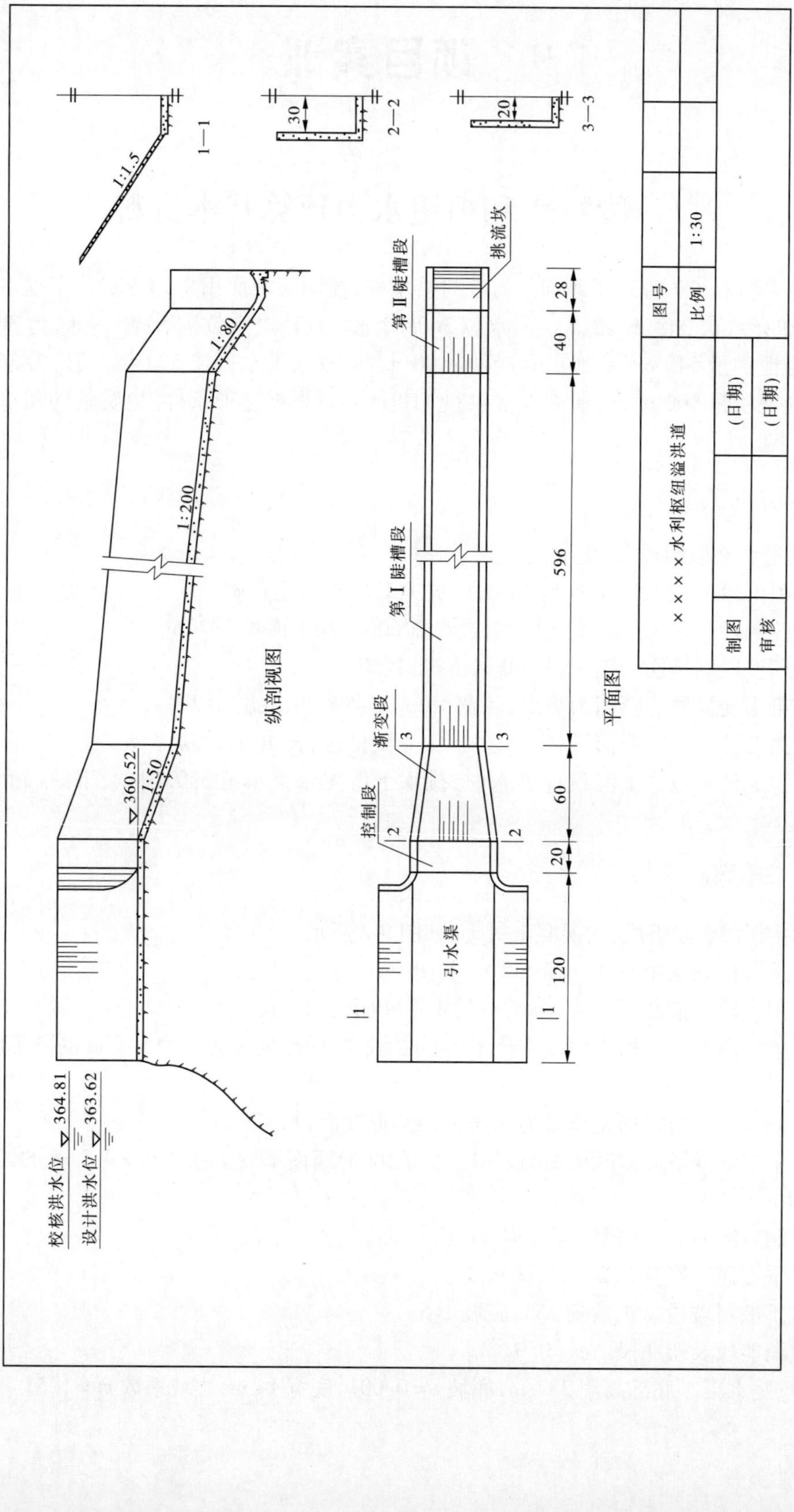
校核洪水位 364.81
设计洪水位 363.62
360.52
1:50
1:200
1:80
1:1.5
1—1
30
2—2
20
3—3
纵剖视图
引水渠
控制段
渐变段
第Ⅰ陡槽段
第Ⅱ陡槽段
挑流坎
120
20
60
596
40
28
平面图
×××水利枢纽溢洪道
图号
比例
1:30
制图
审核
(日期)
(日期)

图9-1 (单位: m)

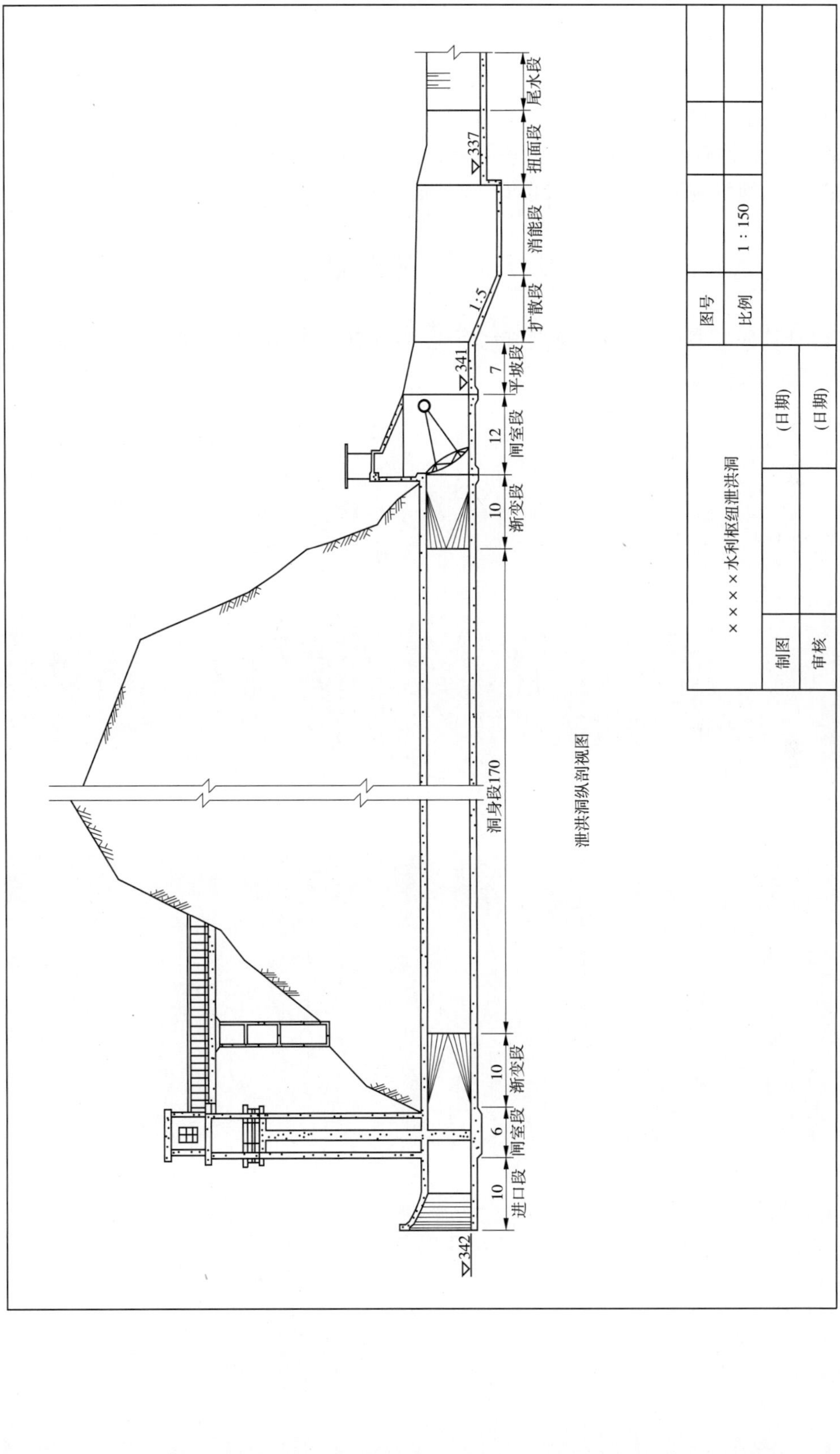
尾水段
扭面段
▽337
消能段
1:5
扩散段
7
平坡段
▽341
12
闸室段
10
渐变段
洞身段170
10
渐变段
6
闸室段
10
进口段
▽342
泄洪洞纵剖视图
图号
比例
1:150
××××水利枢纽泄洪洞
制图
(日期)
审核
(日期)

图9-2 (单位:m)

9.2 实训任务

(1)按设计洪水流量计算并绘制溢洪道水面曲线。

(2)根据溢洪道水面线计算结果拟定挑坎形状及尺寸(溢洪道出口河底高程347 m,岩石坚硬,完整性较差)。计算挑距,验算是否满足稳定要求。

(3)分析泄洪洞下游水流衔接形式,设计消力池。

9.3 上交成果

(1)计算任务书一份(包括溢洪道水面线、溢洪道挑流消能及泄洪洞底流消能完整计算过程,Excel表格,Word文档)。

(2)定量绘制溢洪道水面曲线。